高等学校配套教材

供临床医学、药学、临床药学、中药学等专业用

有机化学实验

EXPERIMENTAL ORGANIC CHEMISTRY

第3版

主　审　龙盛京

主　编　谢集照

副主编　陆秀宏　李芳耀　霍丽妮　吴　峥

编　者（以姓氏笔画为序）

马　超	沈阳药科大学	陆秀宏	上海健康医学院
马小盼	桂林医学院	罗　轩	广西大学
马春华	河南师范大学	赵　佳	吉林大学
王　敏	内蒙古医科大学	钟海艺	广西中医药大学
王小华	武昌理工学院	贾智若	湖州学院
毛　帅	西安交通大学	徐佳佳	广西医科大学
叶高杰	广西医科大学	徐燕丽	桂林医学院
刘　健	南京中医药大学	职国娟	长治医学院
李　蓉	贵州医科大学	葛　利	广西大学
李芳耀	桂林医学院	谢集照	广西医科大学
李俊波	长治医学院	谭相端	桂林医学院
吴　峥	广西医科大学	潘乔丹	右江民族医学院
何小燕	上海科技大学	霍丽妮	广西中医药大学
张廷剑	中国医科大学	魏红玉	广西医科大学
张彤鑫	上海健康医学院		

英文审校　曹治柳　广西医科大学

人民卫生出版社

·北　京·

图书在版编目（CIP）数据

有机化学实验 / 谢集照主编 . -- 3 版 . -- 北京 ：
人民卫生出版社，2025. 2. -- ISBN 978-7-117-37701-0

I. O62-33

中国国家版本馆 CIP 数据核字第 20252HV526 号

人卫智网	www.ipmph.com	医学教育、学术、考试、健康，
		购书智慧智能综合服务平台
人卫官网	www.pmph.com	人卫官方资讯发布平台

有机化学实验
Youji Huaxue Shiyan
第 3 版

主　　编：谢集照
出版发行：人民卫生出版社（中继线 010-59780011）
地　　址：北京市朝阳区潘家园南里 19 号
邮　　编：100021
E - mail：pmph @ pmph.com
购书热线：010-59787592　010-59787584　010-65264830
印　　刷：三河市君旺印务有限公司
经　　销：新华书店
开　　本：787 × 1092　1/16　印张：12
字　　数：285 千字
版　　次：2002 年 12 月第 1 版　　2025 年 2 月第 3 版
印　　次：2025 年 3 月第 1 次印刷
标准书号：ISBN 978-7-117-37701-0
定　　价：39.00 元

打击盗版举报电话：010-59787491　E-mail：WQ @ pmph.com
质量问题联系电话：010-59787234　E-mail：zhiliang @ pmph.com
数字融合服务电话：4001118166　　E-mail：zengzhi @ pmph.com

前　言

本教材第 2 版于 2011 年 2 月出版，距今已有 10 多年。近年来有机化学实验技术突飞猛进，许多高校配置的实验仪器也有很大变化和升级，因此有必要对上一版教材进行修订。本次主要修订内容包括：

1. 注重有机化学与医学、药学的结合　色谱法、物理常数测定等基本操作以《中华人民共和国药典（2020 年版）》（本教材中简称为《中国药典》）为准绳；实验的目标产物多数在医学、药学上有应用；并在每个实验部分增加了"医药用途"条目，增强与实践的结合。

2. 更新现代实验技术　部分基本操作增加了升级的仪器内容；对于合成或分离得到单体化合物的部分实验，增加核磁共振氢谱作为结构确证方法。

3. 中、英文结合　4 个开设院校、专业多的实验编写了中、英文两个版本，部分有机化学实验专业名词也有中英对照，既可供来华留学生本科教育英语授课使用，也可作为学生学习专业英语的参考。

本书保留了第 2 版编写体系的主要特色：实验方法多样，启迪学生的发散思维；实验配有"思考题"，并给出参考答案以便学生加深对实验内容的理解；有设计性及综合性实验内容，培养学生实验的综合素质；书后的"附录"和"推荐阅读"可供学生进一步查阅及参考。

来自 18 所高校的具有多年有机化学实验教学经验的一线教师参与了本书的编写，编写过程中得到了参编学校各级领导的大力支持；采纳了使用过第 2 版教材的老师们的修改建议。国家药典委员会罗轶委员以及前两版主编龙盛京教授审阅了全书并提出许多宝贵意见，在此一并致谢。

限于编者水平，书中不妥之处在所难免，敬请读者批评指正。

编者

2024 年 9 月

目　录

第一章　有机化学实验基本知识

　　本章介绍的基本知识是进行有机化学实验(experimental organic chemistry)必须掌握的内容。尽管近年来有机化学在理论上取得了很大进展，但现在及可预见的未来其仍是一门基于实验的学科。有机化学实验中常会用到易燃、易爆、腐蚀性、有毒的试剂和易碎的玻璃仪器，若是操作不规范或处理不当，可能会引发火灾、爆炸、中毒、割伤等事故，因此学生在做实验之前应当做好充分准备，首先要学习和熟悉以下内容。

一、有机化学实验室规则及安全守则

（一）有机化学实验室规则

　　1. 实验课前应认真预习实验内容，了解本次实验的目的要求，领会实验原理和反应式，了解有关实验步骤、实验装置和注意事项，写出实验提纲，做到心中有数。

　　2. 实验开始时，对所提供的仪器加以清点，拿出本次实验要用的仪器，如发现缺少或损坏应立即补领或更换。

　　3. 不允许学生独自一人在实验室操作。

　　4. 实验时应精神集中，认真操作，细致观察，积极思考，如实记录。实验室内不得高声叫喊或谈笑喧哗，应保持环境安静。不得擅自离开实验场所。

　　5. 遵从教师的指导，按照实验讲义规定的实验步骤、仪器规格和试剂用量进行操作，如有改进意见，需经指导教师同意后方可变动。

　　6. 要保持实验室整洁。实验台上尽量不放与实验无关的物品。为兼顾实验效率及整洁性，实验台上可放置临时废物杯，收纳实验过程中产生的废纸、沸石、滤渣等固体，待杯满或实验结束后再投入垃圾桶。废酸、废碱、废溶剂等应倒入指定的回收瓶中统一处理，绝不可直接倒入水槽使其进入下水道。

　　7. 实验完毕，将仪器洗净，点齐放好。仪器如有损坏，应办补领手续。将桌面清扫整洁后，请指导教师检查后方能离开实验室。实验仪器和药品不准私自带出实验室。

　　8. 值日生负责打扫实验室，把废物容器倒净。离开实验室前要关水、关电和关窗。

（二）有机化学实验室安全守则

　　1. 实验守则千万条，安全永远第一条。实验操作务必认真按规范执行，不可随意而为。

　　2. 火灾是有机化学实验室最常见的事故。做实验前必须熟悉安全用具如灭火器材、沙桶，以及急救箱的放置地点和使用方法，并妥善保管，不准挪为他用。

　　3. 电器设备附件不能放置易燃易爆物质。实验开始前应检查仪器是否完整无损，装置是否正确。

4. 不要用湿的手和物体接触电源。水、电和煤气用毕应立即关闭。点燃的火柴用后立即熄灭，不得乱扔。

5. 许多有机化合物有毒性，因此实验时应注意通风，尽量避免吸入烟雾和蒸气。实验试剂不得入口。严禁在实验室内饮食、吸烟，或将食具带入实验室。实验结束洗净双手再离开实验室。

6. 进入实验室应穿实验工作服，不得穿拖鞋。可能发生危险的实验应使用防护镜、面罩、手套等防护设备。

7. 使用易燃、易爆药品时，应远离火源。不得将易燃液体放在敞口容器中直火加热。易燃和易挥发的废弃物不得倒入废液缸或垃圾桶中，量大时应专门回收处理。

8. 常压或加热系统一定不能造成密闭体系，应与大气相通。

9. 在减压系统中应使用耐压仪器，不能使用锥形瓶、平底烧瓶等不耐压的容器。

10. 无论常压或减压蒸馏都不能将液体蒸干，以防局部过热或产生过氧化物而发生爆炸。

二、有机化学实验事故的处理与急救

（一）火灾的处理

不慎失火，应立即切断电源，关闭煤气、酒精灯等其他明火，然后迅速移开周围易燃物，同时应立即灭火。有机化学实验室灭火通常采取隔绝空气灭火法，一般不能用水。灭火视火情而采取以下办法。

1. 火势小时，可用湿布或灭火毯把着火的仪器包裹起来，或用沙子灭火。火势大时，要用灭火器灭火。

2. 油类着火，要用灭火毯、沙子、灭火器等灭火。

3. 电器着火，应切断电源，然后使用不导电的二氧化碳灭火器或四氯化碳灭火器来灭火，绝不能使用水或泡沫灭火器灭火。四氯化碳有毒，使用后立即打开门窗，以防中毒。

4. 活泼金属着火，要用灭火毯或沙子灭火。由于活泼金属能与水、二氧化碳、四氯化碳反应，不能使用水或这些类型的灭火器。

5. 衣服着火时，应保持冷静，不要乱跑，应立即用灭火毯覆盖着火处或赶快脱下衣服，必要时可卧地翻滚。

（二）化学试剂灼伤的处理

1. 酸灼伤皮肤时，立即用大量水冲洗，然后用 $50g \cdot L^{-1}$ 碳酸氢钠溶液洗，最后用水洗。严重时应送医院治疗。酸溅入眼内时，用大量水洗，再用 $10g \cdot L^{-1}$ 碳酸氢钠溶液洗，最后用蒸馏水洗。

2. 碱灼伤皮肤时，立即用大量水冲洗，然后用 $10{\sim}20g \cdot L^{-1}$ 硼酸或乙酸溶液洗，最后用水洗。碱溅入眼内时，用大量水洗，再用 $10g \cdot L^{-1}$ 硼酸溶液洗，最后用蒸馏水洗。

3. 溴灼伤皮肤时，应用水冲洗，再用酒精擦洗或用 $20g \cdot L^{-1}$ 硫代硫酸钠溶液洗至灼伤处呈白色，然后涂上甘油或烫伤油膏。

（三）割伤的处理

玻璃割伤时应先将伤口处的玻璃碎片取出，挤出污血，再用 $30g \cdot L^{-1}$ 过氧化氢或碘伏涂抹，再用纱布包扎。伤口严重者，应先止血，并送医院处理。

（四）烫伤的处理

轻伤者在伤处涂烫伤油膏，重伤者立即送医院处理。

（五）急救箱的准备

实验室应备有急救箱，内有以下物品：纱布、脱脂棉、胶布、绷带、创可贴、剪刀、镊子、碘伏、过氧化氢、$10g \cdot L^{-1}$ 硼酸溶液、$50g \cdot L^{-1}$ 碳酸氢钠溶液、$10g \cdot L^{-1}$ 乙酸溶液、医用酒精、烫伤油膏等。

三、有机化学实验常用玻璃仪器的规格和应用

（一）标准磨口玻璃仪器的规格

有机化学实验通常使用标准磨口玻璃仪器，其具有装卸方便、气密性好、口塞尺寸标准化等优点。凡属于同类规格的磨口和磨塞都可以紧密相连，不同规格的玻璃仪器也可借助不同编号的转接头使之连接。

标准磨口仪器的规格常用数字编号表示，常用标准磨口有 10 口、14 口、19 口、24 口和 29 口等，数字表示磨口较宽一端直径（mm）的整数。有的标准磨口玻璃仪器有两个数字，例如 19/22，表示磨口较宽一端直径处为 19mm，磨口长度为 22mm。

学生使用的常量玻璃仪器一般是 19 口或 24 口。

（二）常用标准磨口玻璃仪器及其应用范围（图 1-1、表 1-1）

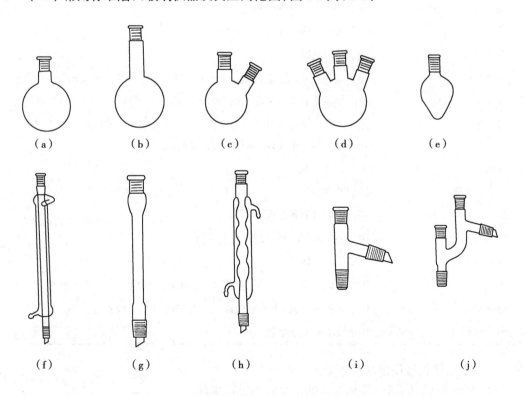

（a）　　　（b）　　　（c）　　　（d）　　　（e）

（f）　　　（g）　　　（h）　　　（i）　　　（j）

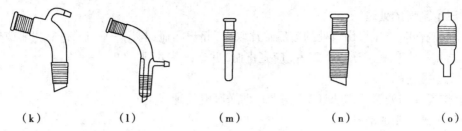

（k）　　　　（l）　　　　　（m）　　　　　（n）　　　　　（o）

图1-1　有机化学实验常用玻璃仪器

（a）圆底烧瓶（round bottom flask）；（b）长颈圆底烧瓶（long neck round bottom flask）；（c）二口烧瓶（two-neck round bottom flask）；（d）三口烧瓶（three-neck round bottom flask）；（e）梨形烧瓶（pear-shaped flask）；（f）直形冷凝管（west condenser）；（g）空气冷凝管（air condenser）；（h）球形冷凝管（reflux condenser）；（i）蒸馏头（distilling head）；（j）克氏蒸馏头（Claisen distilling head）；（k）接收管（adapter）；（l）真空接收管（vacuum adapter）；（m）温度计套管（thermowell）；（n）转接头（adapter）；（o）搅拌器套管（stirrer cannula）。

表1-1　有机化学实验常用玻璃仪器的应用范围

仪器名称	主要用途和注意事项
圆底烧瓶	用于反应、回流、加热和蒸馏
三口烧瓶	用于同时需搅拌、控温、中途加料和回流等多种控制的反应
直形冷凝管	用于蒸馏
球形冷凝管	用于回流
刺形分馏柱	用于分馏多组分混合物
蒸馏头	用于常压蒸馏
克氏蒸馏头	用于减压蒸馏
布氏漏斗	用于减压过滤，瓷质，不能直接加热，滤纸要略小于漏斗的内径
玻璃漏斗/玻璃钉	用于少量化合物的过滤，由普通漏斗和玻璃钉组成
抽滤瓶	用于减压过滤。使用中应注意：不能直接加热；和布氏漏斗配套使用，其间应用橡胶塞连接，确保密封性良好
接收管	用于常压蒸馏
真空接收管	用于减压蒸馏
温度计套管	用于蒸馏时套接温度计
转接头	用于连接不同口径的磨口玻璃仪器
研钵	用于研碎固体
干燥管	用于干燥气体。用时两端用棉花或玻璃纤维填塞，中间装干燥剂
分液漏斗	用于液体的分离、萃取或洗涤。不得加热，玻璃活塞不能互换
恒压滴液漏斗	用于反应时滴加溶液

（三）玻璃仪器使用注意事项

1. 使用电炉、酒精灯等加热玻璃仪器时要垫石棉网。

2. 抽滤瓶、量筒等厚玻璃仪器不耐热，不能加热使用；锥形瓶不耐压，不能用于减压操作中；计量容器不能高温烘烤。

3. 具活塞的玻璃仪器清洗后，在活塞与磨口之间应放纸片，以防粘连。

4. 温度计不能当作搅拌棒使用，热的温度计用后不能用冷水冲洗，以免炸裂。

5. 使用完玻璃仪器后应及时清洗、晾干。

6. 标准磨口玻璃仪器使用注意事项

（1）磨口处必须洁净，若黏附固体，则磨口对接不紧密，将导致漏气，甚至损坏磨口。

（2）使用磨口仪器时，一般不必涂抹润滑剂，以免润滑剂玷污反应物或产物。

（3）若反应中有强碱，可在磨口处加装聚四氟乙烯套或裹上生料带，以防磨口连接处受碱腐蚀粘牢而无法拆卸。减压蒸馏可参照上述处理。

（4）安装标准磨口仪器时，应注意整齐、正确，使磨口连接处不受歪斜的应力，否则玻璃仪器易损坏。

（5）磨口玻璃仪器用后应及时拆卸洗净，以免放置过长时间造成磨口与磨塞之间粘牢而难以拆开。

四、有机化学实验常用玻璃仪器的洗涤和干燥

（一）洗涤

有机化学实验所用的玻璃仪器应当是清洁和干燥的。清洁的玻璃仪器是实验成功的重要条件，它可以避免杂质对反应的影响，确保实验顺利进行。干净的玻璃仪器应该是透亮的，对光仔细观察没有油污或其他杂质。用去离子水冲洗仪器内壁后将仪器倒置，水自然流出后没有水滴残留在瓶子内壁上（既不聚集成滴，也不成股流下）。

可以将用过的玻璃仪器先放置一边，在实验空闲时间或实验结束后清洗，可以节约时间，提高实验效率。

1. 清洗玻璃仪器的一般方法　将玻璃仪器和毛刷淋湿，蘸取洗衣粉或洗涤剂擦洗仪器内外壁，再用清水洗涤干净。洗涤时应根据不同的玻璃仪器选择使用不同形状和型号的刷子，如试管刷、烧杯刷、圆底烧瓶刷或冷凝管刷等。

2. 用酸、碱或有机溶剂洗涤的方法　若用一般方法难以洗净，则可根据有机反应残渣的性质，用适当的溶液溶解后再洗涤。

碱性残渣物用稀硫酸或稀盐酸浸泡溶解；酸性残渣物用稀氢氧化钠浸泡溶解；不溶于酸碱的物质可选用合适的有机溶剂溶解，如回收的乙醇、二氯甲烷等。但必须注意，不能用大量有机溶剂清洗仪器，以免造成浪费或危险。

上述方法仍难以清洗干净的，可滴干水后加入浓硫酸，浸泡较长时间后再用清水洗净。浓硫酸可回收反复使用，直至不再有去污能力。

浓硫酸还不能清洗干净的，可以用乙醇碱液浸泡较长时间，取出，清水洗去碱液，滴干水，然后用硫酸短时间浸泡后，再用清水洗净（碱洗后没有酸洗可能会使玻璃表面出现白斑）。乙醇碱液配制比例：400mL 无水乙醇，100mL 纯化水，20g 氢氧化钠固体，亦可加入一些氢氧化钾来增强洗涤能力。乙醇碱液也可以回收反复使用。

一般情况下，不建议使用高毒性且较难配制的铬酸洗液清洗有机实验的玻璃仪器。

3. 超声波清洗　由超声波发生器发出的高频振荡信号，通过换能器转换成高频机械振荡而传播到清洗溶剂介质中，使物件表面及缝隙中的污垢迅速剥落，从而达到物件表面净化的目的。其清洗洁净度及清洗速度较传统人工清洗效果更高，特别是对玻璃制品等易碎物品，塑料制品及一些手工无法清洗的物品，以及沾有油垢的物品。

超声波清洗时，一般可加入洗洁精等清洗剂，清洗效果更好。

（二）干燥

有机实验的玻璃仪器不但需要清洁，而且常常需要干燥。玻璃仪器的干燥方法有以下几种。

1. 自然风干　将洗净的仪器倒置或放在干燥架上自然风干。

2. 烘箱中烘干　仪器口朝下放入烘箱中，带活塞的仪器放入烘箱中时，应将塞子拿开，以防磨口和塞子受热发生粘连。烘箱内温度保持 100~110℃约半小时后，等待烘箱内温度降至室温时取出即可使用。

3. 气流烘干　放到气流干燥器的支管上烘干。

4. 用有机溶剂干燥　急用且对干燥程度要求不是很高的仪器，可将水尽量沥干，然后用少量无水乙醇或丙酮荡洗几次，回收溶剂后，用吹风机吹干即可使用。

五、有机化学实验常用设备

1. 气流烘干器　是一种通过热气流快速吹干玻璃仪器的设备，设有冷、热风挡。使用时，将玻璃仪器套在吹风管上吹干，见图 1-2（a）。

2. 电热套　是用玻璃和石棉纤维丝包裹着电热丝制成的电加热器。此设备属于热气流加热，而不是采用明火加热，因而具有受热均匀、热效率高、不易引起火灾的特点。加热温度可用调压变压器控制，主要用作回流加热的热源，见图 1-2（b）。

3. 循环水多用真空泵　循环水多用真空泵是以循环水作为流体，利用射流产生负压的原理而设计的一种减压设备。用于对真空度要求不高的减压体系中，广泛用于蒸发、蒸馏、过滤等操作，见图 1-2（c）。

4. 磁力搅拌器　通过电机带动磁体的旋转，进而带动容器内磁子的旋转，达到搅拌的目的。一般具有控制搅拌速度和控温加热功能。见图 1-2（d）。

5. 旋转蒸发仪　通过真空泵减压、水浴或油浴锅加热以及旋转蒸馏烧瓶，使烧瓶中的溶剂在合适的真空度、加热温度和旋转速度下快速蒸发。是实验室进行减压蒸馏的主要设备。见图 1-2（e）。

6. 超声波清洗器　除用于清洗仪器，还可用于溶剂脱气、加速反应、加快萃取等，在有机化学实验室有广泛应用。一般可调节超声功率及工作时间。见图 1-2（f）。

7. 烘箱　带有自动控温系统的电热鼓风干燥箱是实验室常用设备，使用温度为50~300℃，通常使用温度应控制在 100~120℃。烘箱用来干燥玻璃仪器或干燥无腐蚀、无挥发性、加热不分解的物品。

8. 机械搅拌器　适用于非均相反应、含有铁磁性物质、需要剧烈搅拌或反应物较黏稠等不适于磁力搅拌的情况，一般自带调速系统。

9. 常用金属器具　铁架台、铁夹（包括冷凝管夹和烧瓶夹）、十字头（对顶丝）、升降台、铁圈、刮刀、螺旋夹等。

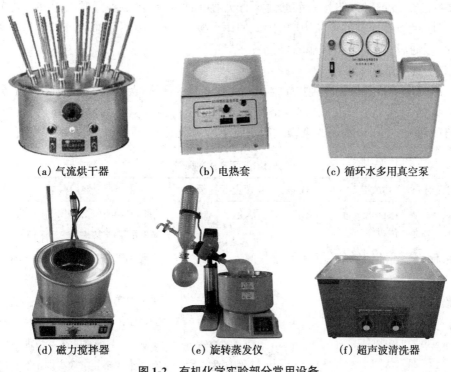

（a）气流烘干器　　　　　　（b）电热套　　　　　（c）循环水多用真空泵

（d）磁力搅拌器　　　　　　（e）旋转蒸发仪　　　　（f）超声波清洗器

图 1-2　有机化学实验部分常用设备

六、有机化学实验常用溶剂及国产试剂规格

（一）溶剂

溶剂（solvent）可根据介电常数大小分为极性溶剂和非极性溶剂。有机溶剂在有机合成、萃取、洗涤、重结晶和色谱分离等方面都大量使用并起重要作用。有机化学实验常用溶剂见表 1-2。

表 1-2　有机化学实验常用溶剂

化合物类别	常用溶剂
脂肪烃类	石油醚、戊烷、己烷、环己烷
芳香烃类	苯、甲苯、二甲苯
卤代烃类	二氯甲烷、氯仿、四氯化碳
醇类	甲醇、乙醇、异丙醇、正丁醇
醚类	乙醚、四氢呋喃、1,4-二氧六环
酮类	丙酮、2-丁酮
酯类	乙酸乙酯
含氮化合物	硝基苯、甲酰胺、N,N-二甲基甲酰胺（DMF）、乙腈、吡啶
含硫化合物	二甲基亚砜（DMSO）

多数有机溶剂对人体有一定毒性。有机溶剂具有脂溶性,除经呼吸道和消化道进入机体内外,尚可经完整的皮肤吸收,因此使用有机溶剂时,要尽量减少有机溶剂的逸散和蒸发,加强通风,减少直接接触的机会。

（二）国产试剂规格

常用的化学试剂根据其纯度的不同,分成不同的规格。我国生产的试剂一般分为四种不同级别（表 1-3）。国外试剂规格和我国不尽相同,可根据标签上所列杂质的含量进行对照和判断。此外,常用的生物试剂不属于这四个级别,可按试剂说明书使用。

表 1-3　国产试剂规格

试剂级别	中文名称	代号	瓶上标签颜色	使用要求
一级品	保证试剂或优级纯	G.R.	绿色	用作基准物质,主要用于精密的科学研究和分析鉴定
二级品	分析试剂或分析纯	A.R.	红色	主要用于一般科学研究和分析鉴定
三级品	化学纯粹试剂或化学纯	C.P.	蓝色	用于要求较高的有机和无机化学实验,也用于要求较低的分析实验
四级品	实验试剂	L.R.	棕色、黄色或其他颜色	主要用于普通的实验和科学研究,有时也用于要求较高的工业生产中

七、有机化学主要文献及检索工具简介

"看文献、做实验"是从事有机化学工作必需的两项基本功。阅读文献资料可以了解课题的国内外进展情况,对提高学生分析问题和解决问题的能力、理论结合实际的能力以及判断该课题的创新研究方向等都非常重要,还能使实验达到事半功倍的效果。

常见的有机化学文献有网络数据库、工具书、期刊等。近年来,由于互联网技术的飞速发展,网络数据库在检索速度、数据含量、使用灵活性等各方面都超过了传统的纸质文献,成为许多化学工作者获取信息的首选。主要工具书等可参考本教材"推荐阅读"。

1. SciFinder Scholar 数据库　这是目前世界上信息量排名前列的化学及相关科学文献、物质和反应信息的学术数据库。含有美国《化学文摘》（CA）1907 年至今的所有内容,并加上 Medline 医学数据库、欧洲和美国等多家专利机构的全文专利资料,涵盖了化学、医药、生物、物理、农学等许多学科。可采用主题词、结构式、反应式、化合物名称等多种方法检索化学反应或化合物。

2. 中国知网　该数据库是目前世界上排名前列的中文期刊全文数据库,收录包括学术期刊、博士学位论文、优秀硕士学位论文、重要会议论文、重要报纸、标准等全文数据库;覆盖理工、医药、农业、人文社会科学等广泛领域;提供文献检索、查重、统计分析、翻译助手、图形检索等服务。

3. *The Merck Index*（《默克索引》）　原为默克公司的药品目录,现已成为记录化学药

品、药物和生理性物质的综合性辞典。还特意排出一节阐述化学物质中毒的急救方法。1889 年首版，至今已出到第 15 版，并有网络版。收集的物质超过 11 000 种。对于药物基本情况如分子式、制备方法、研究进展等描述较详细，列出最早发表的研究论文及重要综述。

4. *Organic Synthesis*（《有机合成》）　该期刊在有机合成方面极具权威性，1921 年首发，每年一卷，至 2023 年共出版 100 卷。旨在提供制备有机化合物的可靠方法，书中的实验操作过程详细，关键步骤的仪器、产物等均有图片和文字说明，且经过两个不同实验室的校验，并附有操作者的经验总结。其网站查找方便，可通过输入关键词或绘制分子式等方式检索。

5. Periodic Table（化学元素周期表）　是由英国皇家化学学会（Royal Society of Chemistry）发布的交互式化学元素周期表，有多种语言版本可免费下载。在网页展示的"周期表"上点击任一元素，会展示该元素的用途、发现历史、电负性、生物信息等数据，知识性和趣味性都比较高。

6. X-MOL 学术平台　这个平台关注化学、材料和生命科学领域的科研，提供英文期刊论文、资讯、导师、职位等检索。可对许多专业的高水平期刊进行一站式浏览。还提供行业内的许多信息，例如对某篇重要论文的概述和评论。"文献直达"功能可以用文献的 DOI 号或期刊名、年卷期信息等检索到原文。可以利用"个性化文件推送"功能订阅感兴趣领域、关键词或某位作者的文献。这个平台还有相应公众号，对于利用手机进行学习较有帮助。

7. 有机化学领域其他重要学术期刊　中文期刊有《中国科学：化学》《化学学报》《有机化学》《高等学校化学学报》《合成化学》等；英文期刊包括 *Nature Chemistry*，*Journal of the American Chemical Society*，*Angewandte Chemie International Edition*，*Chemical Reviews*，*Journal of Organic Chemistry* 等。

八、有机化学实验报告书写格式

实验操作结束后进行总结，分析实验中出现的问题，整理归纳结果，写出实验报告，这是有机化学实验重要的步骤之一。实验过程中，所有的数据及现象都要如实记录填写。实验操作步骤要用精练的文字、缩写或符号表达，绝不能照书抄。实验讨论的主要内容是总结实验结果而得出的结论或规律、做实验的心得体会，以及实验中存在的问题和改进的建议等。

良好的实验报告不仅能帮助实验者整理思路，也能给其他相关人员提供参考。例如，指导教师根据报告分析产率偏低的原因，已经毕业研究生的实验记录能帮助后续学生继续深入开展课题研究等。

下面举例说明实验报告书写格式。

实验三十一   二苯甲醇的合成

时间：2024 年 5 月 10 日   天气：多云   室温：25℃

一、实验目的

1. 熟悉还原法由酮制备仲醇的原理。
2. 掌握回流装置的安装和回流反应的基本操作。
3. 掌握以硼氢化钠为还原剂，由酮制备仲醇的方法。
4. 熟悉重结晶的基本操作。

二、实验原理

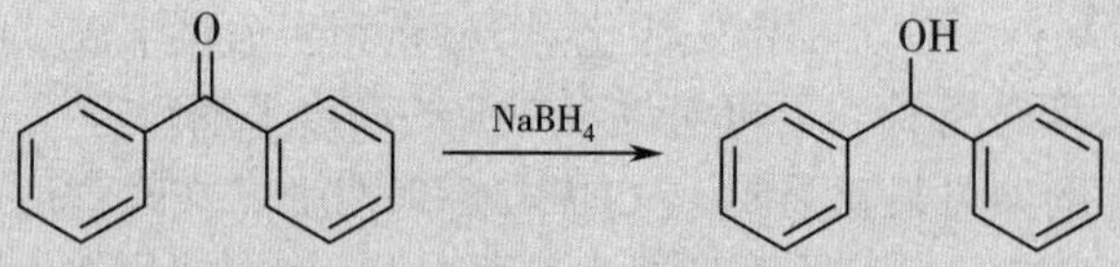

主要试剂的物理常数和用量表

试剂	分子量	投料量 /g	物质的量 /mol	熔点 /℃	沸点 /℃	溶解度
二苯甲酮	182.2	1.82	0.01	47~51	305	可溶于乙醇、氯仿，不溶于水
硼氢化钠	37.8	0.4	0.01	>300（分解）	—	易溶于水、乙醇，不溶于乙醚、苯、烃类

受到下列因素影响，有机化学实验通常不是定量反应：

在主反应进行的同时，也有副反应发生，这就消耗了部分原料；反应结束后的分离纯化过程也会造成产物损失。部分反应属于可逆反应，反应原料不能完全转化为产物。

因此有机化学实验需要计算产率。产率是指实际获得的单一产物的量（实际产量）与理论上反应原料完全转化为单一产物的量（理论产量）之比值：

$$产率 = \frac{实际产量}{理论产量} \times 100\%$$

三、实验步骤、现象及解释

步骤	现象	解释
在装有回流冷凝管、滴液漏斗和搅拌子的 100mL 三口烧瓶中，加入 1.82g 二苯甲酮和 20mL 95% 乙醇，加热	白色固体溶解，得到无色透明溶液	二苯甲酮可溶于热乙醇
室温下分批加入 0.4g 硼氢化钠	白色固体溶解，得到无色透明溶液。烧瓶发烫，有气泡产生	硼氢化钠可溶于乙醇，还原醛酮是放热反应
加热回流 20 分钟，冷却后加 40mL 水，逐滴加入 10% 盐酸 3.5~5.0mL	过程中有大量气泡放出	回流下还原反应加快，加盐酸使硼氢化钠分解
冷却反应液	有类白色结晶析出	剩余原料二苯甲酮和产物二苯甲醇在乙醇 - 水溶液中溶解度变低，冷却后析晶
抽滤，滤饼干燥后用石油醚重结晶	抽滤得到类白色粉末 1.22g，重结晶后得到白色针状结晶 0.86g	二苯甲醇在冷的烃类中溶解度较低而析晶；二苯甲酮含量较低，未达到饱和溶液而不能析晶

四、产率计算

理论上，1mol 硼氢化钠可以还原 4mol 醛酮，因此本实验硼氢化钠过量，故以二苯甲酮的量来计算产率：

$$产率 = \frac{0.86/184.24}{0.01} \times 100\% = 47\%$$

五、讨论（略）

（谢集照）

第二章　有机化学实验技术

一、加热和冷却

（一）加热

加热是有机实验中非常普遍又十分重要的操作。有的化学反应在室温下难以进行或反应较慢，常需加热来加快化学反应。另外，在其他一些基本操作（如溶解、蒸馏、回流、重结晶等）过程中也会用到加热。

加热分为直接加热和间接加热。直接加热是将被加热物直接放在热源中进行加热，适合于对加热温度无严格要求的状况，如在酒精灯或煤气灯上加热试管、在马弗炉内加热坩埚等。有机化学实验室大量使用的玻璃仪器一般不宜用酒精灯（400~500℃）、酒精喷灯（700~1 000℃）、煤气灯（≥1 000℃）等火焰直接加热，以免加热不均、局部过热造成有机物的分解和仪器的损坏。另外，从安全的角度来看，也不要用火焰直接加热沸点较低的易燃有机溶剂，所以现在有机化学实验已基本不使用明火加热，故本节不做介绍。马弗炉在有机化学实验里用于灰化滤纸和有机物、干燥分子筛等，仍有一定用途。

间接加热是热源不直接接触被加热物的加热方式。通过相应的传热介质（如水、油、空气、盐、沙、金属等）来传导热，即常说的热浴。在有机化学实验室最好用各种热浴来加热，能使被加热物在加热过程中受热均匀，温度可控，不易引发意外。热浴用的液体介质及使用温度范围见表 2-1。

表 2-1　热浴用的液体介质及使用温度范围

热浴名称	介质	温度范围 /℃
水浴	水	20~80
油浴	植物油	20~220
	液体石蜡	20~200
	甘油	20~260
	硅油	20~250
酸浴	浓硫酸	20~250
	80% 磷酸溶液	20~250
	40% 硫酸钾硫酸溶液	20~365
沙浴	细沙	200~500
空气浴	空气	20~200
金属浴	铝或者合金	20~350

1. 水浴加热 水浴是让热源将水加热,水再将热传导给受热瓶的装置。若加热温度在80℃以下,可选择水浴加热。将受热的玻璃仪器放在水浴中,加热时热浴的液面应略高于容器中的液面。若长时间使用水浴锅加热,水会大量蒸发,因此必要时往水浴锅里适当加水以防止干烧而烧坏仪器。蒸馏无水溶剂时,为防止水蒸气进入,可用水浴锅所配的环形圆圈将其覆盖,也可在水面上加几片石蜡,石蜡熔化后铺在水面,可以减少水的蒸发。加热像乙醚等低沸点易燃溶剂时,应预先加热好水浴。如果在水中加入各种无机盐(如 NaCl、CaCl$_2$ 等)使之饱和,水浴温度可提高到100℃以上。

2. 油浴加热 油浴是让热源将油加热,油再把热传导给受热瓶的装置。加热温度在20~250℃时可选择油浴,传热介质——油的种类决定油浴所能达到的最高温度。常用油类有植物油、液体石蜡、甘油、硅油等。植物油如菜油、花生油和蓖麻油,可以加热到220℃,常在植物油中加入1%的对苯二酚等抗氧剂,以增加其热稳定性。液体石蜡也可加热到220℃,但温度稍高则易燃烧。硅油和真空泵油在250℃以上时较稳定,是理想的传热介质。油浴中应当放置温度计,便于观察和控制温度。油浴所用的油中不能溅入水,防止加热时产生爆溅。特别要注意的是,油浴过程中要防止火灾发生和油蒸气污染环境。

3. 沙浴加热 沙浴是让热源将细沙加热,细沙再将热传导给受热瓶的装置。当加热温度为200~500℃时,可使用沙浴。一般用铁盘装上清洁、干燥的细沙,将容器半埋在沙中加热。沙浴的缺点是沙对热的传导能力较差且散热较快,温度不易控制,在操作时容器底部的沙要薄些,使之易受热,周围沙层要厚些,使热不易散失。目前该方法在实验室已较少使用。

4. 空气浴加热 空气浴是让热源将局部空气加热,空气再把热传导给受热瓶。恒温磁力搅拌器如果不加油也可以直接作为空气浴使用。实验室最常见的空气浴是电热套,是由玻璃纤维和电热丝织成碗状半圆形的加热器,能从室温加热到200℃左右。加热温度的高低可由相应的控温装置调节,具有无明火不易引起火灾、加热均匀、热效率高、适用范围较广、使用方便等特点。宜选用与受热瓶容积相同或稍大一号的电热套,并设法使它能向下移动。应将受热瓶的外壁与电热套内壁保持2cm以上距离,并使瓶内液面高于电热套边缘,以便热空气传热和防止局部过热。使用时不要将药品洒在电热套内,以免药品挥发污染环境或使电热丝腐蚀而断开。

5. 金属浴加热 金属浴是让热源将金属模块(一般是铝或铝镁合金)加热,铝再把热传导给受热瓶。金属浴加热温度可以达到350℃。磁力搅拌器底盘连接有圆形铝材,容器可以置于圆形铝材中加热。金属浴具有加热速度快、干净卫生、避免使用油和水等优点,缺点是控温没有水浴和油浴精准。

6. 石棉网加热 将石棉网放在铁圈或三脚架上,将电炉置于下方加热,受热的烧瓶与石棉网之间应留有一定的空隙,防止局部过热。这种方法加热不均,在减压蒸馏和低沸点易燃物的蒸馏中不宜采取此种方式。电炉按功率大小有500W、800W、1 000W等规格,温度高低可通过调节电阻来控制。

7. 马弗炉 马弗炉又称箱形电炉,炉膛呈长方形,用电热丝或硅碳棒来加热,最高温度可达1 300℃,使用时将物质放在坩埚内送入炉膛加热。温度由温度控制器控制,用于灰化滤纸和有机物成分,不允许加热液体和其他易挥发的腐蚀性物质,也不可用来熔炼金属。

8. 微波炉　微波炉作为家庭常用的加热工具在实验室也有一定的用途。微波炉加热属于介电加热效应,与灯具或电炉加热的热辐射原理不同,利用微波炉辐射出高频率(300~300 000MHz)的电磁波对物质加热,在微波作用下的化学反应速度较传统加热方法要快数倍甚至上千倍,且具有易操作、热效率高、节能等特点。加热时通常选用陶瓷、玻璃和聚四氟乙烯材料制作的微波加热容器,而金属材料会反射微波,不能作为微波加热容器。

最后强调:无论用何种加热方式,都要严格遵守安全规范。

(二)冷却

有时因实验操作或化学反应的需要,需采用冷却方法将温度控制在一定范围内。冷却技术往往对实验的成败起到重要作用。所以通常根据实验的不同要求来选择合适的冷却剂和冷却方法。

1. 自然冷却　将热溶液放置一段时间,任其自然冷却到室温。例如在重结晶时,要得到纯度高、结晶较大的产品,一般只要把热溶液静置冷却至室温即可。

2. 冷风冷却和流水冷却　当需要快速冷却时,可将盛有溶液的容器用鼓风机或空压机吹风或在冷水流中冲淋冷却。

3. 冷却剂冷却　若需在更低的温度下冷却,可选用冷却剂冷却,冷却剂包括冰、干冰、液氮等介质,通过冷却剂和一些盐或溶剂混合使用能得到的不同的冷却温度。常用的冷却剂及其冷却温度范围见表2-2。

表2-2　常用的冷却剂组成及冷却温度范围

冷却剂	冷却温度 /℃	冷却剂	冷却温度 /℃
冰 - 水	−5~0	干冰	−60
NH_4Cl+ 碎冰(3：10)	−15	干冰 + 乙醇	−72
NaCl+ 碎冰(1：3)	−20~−5	干冰 + 丙酮	−78
$NaNO_3$+ 碎冰(3：5)	−20~−13	干冰 + 乙醚	−100
$CaCl_2 \cdot 6H_2O$+ 碎冰(5：4)	−50~−40	液氨 + 乙醚	−116
液氨	−33	液氮	−196

在使用低温冷却剂时,要注意几点:①杜绝用手直接接触低温冷却剂,以免手冻伤。②测量 −38℃以下温度时,不能使用水银温度计(水银的凝固点为 −38.87℃),应采用装有少许颜料的有机溶剂温度计(如内装:甲苯,−90℃;正戊烷,−130℃)。③通常将干冰及其混合物等放在保温瓶或绝热效果好的容器(如杜瓦瓶)中,上口用铝箔或棉布覆盖,以降低其挥发速度,保持更长时间的冷却效果。

4. 低温冷却液循环泵　使用冷却剂进行冷却过程,温度控制相对困难,难以自由调节,且由于冷却剂往往消耗较快,只能用于短时间及小规模的冷却。如果冷却持续时间较长,且规模稍大,多采用低温冷却液循环泵,采用无水乙醇作为冷媒可以实现 −100~0℃低温精准控制,并且在浴槽中有搅拌功能。

二、回流

将液体加热汽化,蒸气经冷凝变成液体,液体又流回到原容器中的过程称为回流(reflux)。回流是有机化学实验中最基本的操作之一,有些有机化学反应需要较长时间加热沸腾才能完成,为了防止在此过程中大量蒸气逸出而影响实验结果,常常采用回流的方式。回流也应用于重结晶的溶样过程,连续萃取、分馏及某些干燥过程。

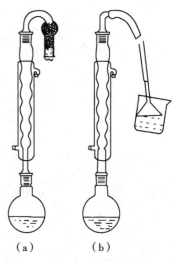

图 2-1　回流装置

图 2-1(a)是装有干燥管以隔绝潮气的回流装置,用于无水条件下的实验。如反应不需要防潮,则可去掉冷凝管顶端的干燥管。图 2-1(b)为带有气体吸收装置的回流装置,用于回流过程中有水溶性气体(如 HCl、HBr、SO_2 等)产生的实验。酸性气体可用水或稀碱溶液吸收,碱性气体可用水或稀酸溶液吸收。操作时应注意漏斗的位置,要大半但不是全部没于液面下,使大多数气体能被溶液吸收,同时不是密闭体系,不会引起倒吸。

冷凝管可依据回流液的沸点由高到低分别选择空气、直形、球形、蛇形冷凝管。通常当回流温度低于 140℃时选用球形冷凝管,应使蒸气气雾的上升高度不超过两个球为宜。

回流加热一般应在搅拌下进行,如不搅拌,应先向烧瓶内投入几粒沸石,以防暴沸。根据回流温度不同,可相应选用水浴、油浴或电热套等间接加热方式,一般不采用石棉网加热或者明火加热的方式。

三、搅拌与搅拌器

当反应在非均匀相中进行时,为了使反应物充分接触和防止局部浓度增大、温度增高使副产物增多,要求对反应液进行强烈的搅拌(stirring)。此外,若反应物料之一在实验过程中是分批小量加入或滴加的,也需要进行搅拌。若反应物料量小,反应时间短,且不需加热或在温度不太高的操作中,可用玻璃棒沿器壁均匀地搅拌或用手摇动容器以达到混合的目的。有机反应需要长时间快速搅拌的,在实验室中常采用磁力搅拌器和电动机械搅拌器来进行搅拌。

(一)磁力搅拌

磁力搅拌由磁力搅拌器和搅拌子完成。磁力搅拌器通过磁铁产生交变磁场,电位调节器调节转速来控制磁场变换速度;搅拌子一般由包裹磁铁的聚四氟乙烯制作,有直形、菱形和旋齿形等不同形状(图 2-2)。使用时可根据容器大小选择合适尺寸和形状的搅拌子。磁力搅拌使用方便、噪声小、搅拌力较强,广泛用于液体搅拌。

(二)机械搅拌

机械搅拌器由动力部分、搅拌棒两部分组成。

动力部分为电动机,可以通过调节电压改变搅拌速度。搅拌棒一般用镍铬丝、玻璃或聚四氟乙烯棒制成,根据搅拌的剧烈程度,可制成月牙形、十字形、一字形或螺旋形等不同的形状(图 2-3)。

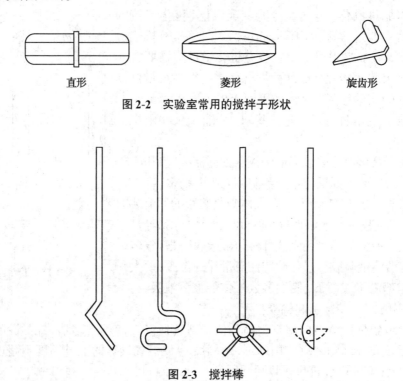

直形　　　　　　　　　菱形　　　　　　　　旋齿形

图 2-2　实验室常用的搅拌子形状

图 2-3　搅拌棒

　　如果搅拌过程需要密封,常采用带密封 O 形圈的聚四氟乙烯搅拌头(图 2-4)。搅拌头由内件和外件构成,在内件的下端衬有一个弹性良好的橡皮垫圈,当内件的阳螺纹与外件的阴螺纹上紧时,垫圈受挤压变形而与搅拌棒紧紧密合。旋动丝扣可调节转速和气密性能。当不使用时应旋松丝扣,以免垫圈长期受力而发生永久性形变。

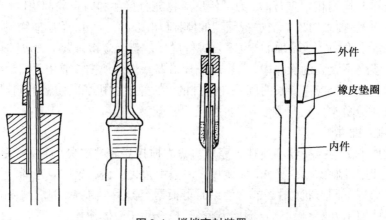

外件

橡皮垫圈

内件

图 2-4　搅拌密封装置

　　若机械搅拌的同时还要进行回流,则至少选用二口烧瓶,最好选用三口烧瓶,其中间瓶口装配搅拌棒,两边侧口可分别安装回流冷凝管和温度计或滴液漏斗(图 2-5)。

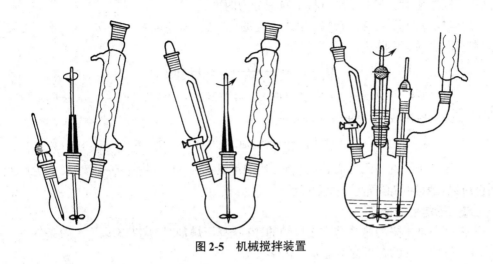

图 2-5　机械搅拌装置

四、干燥方法和干燥剂的使用

干燥(drying)是除去原料、产物、仪器等物品中少量水分或有机溶剂的操作。在实验室工作中,有许多有机反应要求所用原料、溶剂和仪器必须干燥,反应在相对无水条件下进行,否则将影响产物的质量和产率。有的液体在蒸馏之前必须干燥,以防止加热时发生水解,或与水形成共沸物。另外,固体有机物在进行有机物波谱分析及测定物理常数时,要求化合物处在干燥状态,才能获得正确结果。可见,干燥是十分重要的。

（一）干燥方法

干燥方法大致分为物理方法和化学方法两种。

1. 物理方法

（1）自然风干:将洗净的仪器倒置或放在干燥架上自然风干。常用于玻璃仪器的干燥。

（2）简单加热:利用相应的加热装置,如烘箱或红外灯,通过温度升高将水分或有机溶剂蒸发掉。

（3）分馏和共沸蒸馏:对于与水不形成共沸物的液体有机物,例如甲醇和水的混合物,由于沸点相差较大,可用分馏方法完全分开。有时还利用某些有机物与水形成共沸物的特点,向待干燥的液体中加入某种有机物,其与体系中的水形成共沸物,在蒸馏时会逐渐将水分带走,以达到干燥的目的。例如工业制备无水乙醇的方法之一就是把苯加到95% 乙醇溶液中,利用苯、水和乙醇形成共沸物,经共沸蒸馏将水带走。

（4）吸附:近年还用分子筛和离子交换树脂来进行脱水干燥。分子筛是多种硅酸盐晶体,而离子交换树脂是一种不溶于水、酸、碱和有机溶剂的高分子化合物,它们内部有许多空隙或孔穴可以吸附水分子。这些物质吸水后经加热解吸复活,可以反复使用。如苯磺酸钾型阳离子交换树脂,其粒子内有很多孔穴可以吸附水分子,加热 150℃以上可将吸附的水释放出。另外,如用硅胶干燥空气、石蜡吸收非极性有机溶剂的蒸气,也都属于吸附干燥。

2. 化学方法　化学方法干燥是指采用适当的干燥剂与水发生反应以达到干燥除水

的目的。根据化学反应的差别可将干燥剂分为两大类。

（1）与水发生不可逆的反应，生成稳定的化合物，如 Na、Mg、CaO、P_2O_5 等。此类干燥剂在蒸馏之前不必除去。

$$2Na + 2H_2O \longrightarrow 2NaOH + H_2$$

（2）与水发生可逆反应，生成水合物，如无水 $MgSO_4$、无水 $CaCl_2$、无水 K_2CO_3 等。这是目前实验室应用较广泛的一类干燥剂。

$$CaCl_2 + nH_2O \longrightarrow CaCl_2 \cdot H_2O\ (n=1,2,4,6)$$

由于此类干燥剂与水反应是可逆的，当温度升高时，水合物加速分解，水又会返回液体中，所以在蒸馏前必须将干燥剂过滤。

（二）干燥剂的选择

干燥剂与被干燥的物质是直接接触的，在选择干燥剂时，应考虑以下一般条件。

（1）与被干燥的有机物不能发生化学反应。

（2）对有机物无催化作用，以免引起自动氧化、聚合等反应。

（3）不溶于被干燥的液体中。

（4）干燥速度快，吸水量大，价格便宜。

实验室常用干燥剂的性能见表 2-3。

表 2-3　各类有机物常用干燥剂的性能与适用范围

干燥剂	吸水作用	吸水容量/（g/g）	干燥效能	干燥速度	适用范围
硫酸钠	形成 $Na_2SO_4 \cdot 10H_2O$	1.25	弱	缓慢	中性，一般用于有机液体的初步干燥
硫酸镁	形成 $MgSO_4 \cdot nH_2O$（$n=1,2,4,5,6,7$）	1.05（按 $MgSO_4 \cdot 7H_2O$ 算）	较弱	较快	中性，应用较广，可干燥醛、酮、酯、腈、酰胺等不能用氯化钙干燥的化合物
硫酸钙	形成 $2CaSO_4 \cdot H_2O$	0.06	强	快	中性，常与硫酸钠（镁）配合，作最后干燥用
氯化钙	形成 $CaCl_2 \cdot nH_2O$（$n=1,2,4,6$）	0.97（按 $CaCl_2 \cdot 6H_2O$ 算）	中等	较快	弱酸性，不能干燥醇、酚、胺、酰胺及某些醛、酮。工业品中含有氢氧化钙和碱或氧化钙，故也不能干燥酸类化合物
五氧化二磷	$P_2O_5 + 3H_2O \rightarrow 2H_3PO_4$	—	强	快	强酸性，适于干燥烃、卤代烃、腈等中的痕量水分，也可干燥中性或酸性气体，不适用于干燥醇、醚、酮、酸、胺

干燥剂	吸水作用	吸水容量/（g/g）	干燥效能	干燥速度	适用范围
硫酸	形成 $H_2SO_4 \cdot nH_2O$（同时放热）	—	强	较快	强酸性,可干燥中性及酸性气体(用于干燥器和洗气瓶中),但不适用于干燥不饱和化合物、醇、酮、碱性化合物、H_2S 和 HI
碳酸钾	形成 $2K_2CO_3 \cdot H_2O$	0.2	较弱	慢	弱碱性,用于干燥醇、酮、酯、胺及杂环等碱性化合物,不适用于干燥酚、酸等酸性化合物
氧化钙（碱石灰类同）	$CaO+H_2O \rightarrow Ca(OH)_2$	—	强	较快	碱性,用于干燥中性及碱性气体、胺、乙醚、低级的醇,不能干燥酸、酯
氢氧化钠(钾)	溶于水	—	中等	快	强碱性,用于干燥胺、杂环等碱性化合物,不能干燥醇、酚、醛、酮、酸、酯等
金属钠	$2Na+2H_2O \rightarrow 2NaOH+H_2$	—	强	快	强碱性,可干燥醚、烃和叔胺中的痕量水分,不能干燥氯代烃、醇等化合物

干燥容量（drying capacity）：指单位质量的干燥剂所吸收的水量。干燥容量越大,干燥剂吸收水分越多。

干燥效能（drying efficient）：指达到平衡时被干燥的液体的干燥程度。对于形成水合物的无机盐干燥剂,常用吸水后结晶水的蒸气压来表示,水蒸气压越大,干燥效果越差。

干燥剂加入量的多少是干燥过程中的一个关键方面。干燥剂的用量要适当,用量少则干燥不完全,用量过多会因干燥剂的表面吸附作用而造成被干燥物质较多的损失。首先可根据水在液体中的溶解度和干燥剂的吸水容量,计算出干燥剂的最低用量。而在实际操作中,干燥剂的用量要大于其最低用量。一般用量为每 10mL 液体约需 0.5~1g 干燥剂。例如含水乙醚的干燥,室温下水在乙醚中的溶解度约为 1%~1.5%,干燥剂为无水氯化钙,假定其全部转化为 $CaCl_2 \cdot 6H_2O$（吸水容量为 0.97）,则 100mL 含水乙醚需要干燥剂的计算用量至少为 1g,但实际用量为 7~10g,远大于最低用量。这是由于萃取时,水相与乙醚相往往分层不够彻底,乙醚相中残留微小水滴。干燥剂的高水合物形成时间长,有可能使其达不到应有的吸水容量。再考虑到干燥剂的质量不同、颗粒大小和干燥时温度不同以及干燥剂有时可能会吸收副产物（如 $CaCl_2$ 吸收醇）等因素,因此具体加入多少干燥剂是较难确定的。这就需要实验者在现场细心观察、判断和平时积累此方面的经验。

（三）干燥剂的使用

1. 液体的干燥　此类物质的干燥是实验室常见的操作,干燥剂的选择见表 2-3。

（1）干燥前应将被干燥液体中的水层尽量分净,再将该液体放在适当的容器（如锥形瓶)内。

（2）取适量干燥剂直接加入液体中，用塞子盖住瓶口，振摇片刻，静置观察。（干燥剂的颗粒大小要适宜：太大则表面积小，吸水慢且内部不起反应；颗粒过细，吸附的有机物较多而造成损失，且难分离。）

（3）在干燥含水量较多而又不易干燥的化合物时，先用吸水容量较大的干燥剂除去大部分水分，然后再用干燥效能较强的干燥剂除去残留的微量水分。

（4）若发现干燥剂附着于瓶壁或者互相黏结，通常表示干燥剂不够，应继续添加。为了干燥充分，需放置一段时间（至少半小时，最好能放置过夜），并不时加以振摇。被干燥液体由混浊状态经干燥后变为澄清，可认为水分基本除去。如果液体总是清澈透明，应观察干燥剂的状态，干燥剂在液体中不结块，不粘壁，棱角分明，摇动时能松散地旋转，则说明干燥剂用量已足够。

（5）干燥好的液体应过滤掉干燥剂（形成水合物的干燥剂），再进行蒸馏操作。

2. 气体的干燥   有机实验中常用气体有 H_2、O_2、NH_3、Cl_2、CO_2 等，有时要求其中不含 H_2O，就需在干燥管、干燥塔或洗气瓶内装入干燥剂，让气体通过即可达到干燥目的。

3. 固体的干燥   对于在空气中稳定不分解、不吸潮的固体有机物，可将固体样品放在干净的滤纸或表面皿上，将其薄薄摊开，再用一张滤纸覆盖，放在空气中自然晾干，此过程较慢。如果固体样品的熔点较高且遇热不易分解，可以采取物理烘干，将固体样品置于表面皿或蒸发皿中，用烘箱或红外灯烘干。

如果样品在空气中不稳定，则可以使用干燥器干燥。将待干燥的样品平铺在结晶皿中，然后放在干燥器（图 2-6）的隔板上，放置一段时间，利用干燥器底部的干燥剂（常使用变色硅胶）进行干燥。另外，还有减压干燥器（又称真空干燥器，图 2-7），通过上端的阀门接真空泵使干燥器保持真空，底部同样放置干燥剂，干燥效果要比普通干燥器快 6~7 倍。干燥器及减压干燥器都有无色和棕色两种型号，有些样品需要避光，可选用棕色的。

图 2-6   干燥器

图 2-7   减压干燥器

（陆秀宏）

第三章　有机化学实验基本操作

第一节　有机化合物物理常数测定

实验一　熔点的测定
Experiment 1　Determination of Melting Point

一、实验目的

1. 掌握毛细管熔点测定法和显微熔点测定法测定熔点的操作方法。
2. 理解有机物的熔点与纯度的关系，以及熔点测定对鉴定有机物的意义。
3. 了解熔点测定的原理及意义。

二、实验原理

在标准大气压下，固体化合物加热到由固态转变为液态，并且固、液两相处于平衡时的温度就是该物质的熔点（melting point, mp）。从始熔至全熔的温度变化范围称为熔距、熔程或熔点范围。一般纯净化合物在固、液两相的变化是非常敏锐的，熔距为 0.5~1℃。若含有杂质，则其熔点比纯固体化合物的熔点低，且熔距变宽。利用该性质，可通过熔点测定所得数据，推断被测物质为何种化合物，也可以初步判断被测物质的纯度。例如 A 和 B 两种物质的熔点相同，可用混合熔点法检验 A 和 B 是否为同一种物质。若不为同一物质，其混合物的熔点比各自的熔点降低很多，且熔距增大。这是检验两种熔点相同或相近的有机物是否为同一物质的简便方法。

纯粹的有机化合物有固定而敏锐的熔点，这可以通过物质的蒸气压与温度的关系图（图 3-1）以及相随着时间和温度的变化图（图 3-2）来理解。曲线 SM 表示物质固相的蒸气压与温度的关系，曲线 ML 表示液相的蒸气压与温度的关系，从图 3-1 中可知，曲线 SM 的变化速率（即固相蒸气压随温度的变化速率）大于曲线 L′L 的变化速率，最后两曲线相交于 M 点，此时固、液两相蒸气压相等，且固、液两相平衡共存，这时的温度（T）为该物质的熔点。从图 3-2 中可知，加热纯固体化合物的过程中，有一段时间温度不变，即固体开始熔化直至固体全部转化为液体时，固体全部转化为液体后继续加热温度就会呈线性上升。以上说明纯粹的有机化合物有固定而敏锐的熔点，要想精确测定熔点，则在接近熔点时升温的速度不能太快，必须严格控制每分钟升温 1~2℃，这样才能使整个熔化过程尽可能接近两相平衡条件。

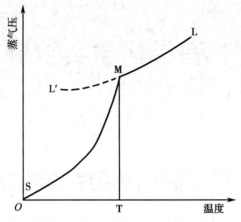

图 3-1　物质的蒸气压与温度的关系

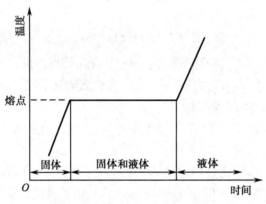

图 3-2　相随着时间和温度的变化

测定熔点的方法有毛细管熔点测定法和显微熔点测定法。

三、仪器与试剂

【仪器】提勒管（又称 Thiele 管、b 形管或熔点测定管），温度计（150℃，分浸型，具有 0.5℃刻度，经熔点测定用对照品校正），橡皮塞，熔点毛细管，长玻璃管（70~80cm），玻璃棒，表面皿（或玻璃片），小胶圈，酒精灯，铁架台，烧瓶夹，显微熔点测定仪。

【试剂】液体石蜡，肉桂酸，苯甲酸，尿素，乙酰苯胺，苯甲酸苯酯，丙酰胺。

四、实验步骤

【毛细管熔点测定法】

1. 熔点管制备　通常用内径约 0.9~1.1mm、长约 60~70mm 的毛细管作为熔点管。将毛细管的一端用酒精灯外焰封口（与外焰成 40°转动加热），防止将毛细管烧弯、封出疙瘩。

2. 样品的装填　首先将待测样品放在干燥器或烘箱中充分干燥。将少量样品（约 0.1~0.2g）放置于干净的表面皿上，用玻璃棒将其充分研成粉末[1-2]，聚成小堆，将毛细管的开口端插入样品堆中，使样品挤入管内。把开口一端向上竖立，通过一根直立于表面皿（或玻璃片）上的玻璃管（长约 70cm）自由落下，重复几次，直至在毛细管封口端底部均匀紧密地装入样品且高度约 3mm 为止[3]。研磨和装填样品要迅速，防止样品吸潮。

3. 仪器的安装　将提勒管夹在铁架台上，装入浴液[4]，使液面高度达到提勒管上侧管时即可[5]。将上端套一缺口橡皮塞的温度计插入提勒管中，其深度以温度计水银球恰在提勒管的两侧管中部为宜，使温度计水银球底端与容器底部距离 2.5cm 以上（图 3-3）。加热时，火焰须与提勒管倾斜部分的下缘接触，此时管内液体因温度差而发生对流作用，使液体受热均匀。

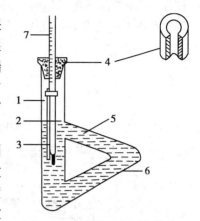

图 3-3　提勒管熔点测定装置
1—高温时浴液液面；2—室温时浴液液面；3—熔点毛细管；4—缺口橡皮塞；5—浴液；6—酒精灯加热的位置；7—温度计。

4. 测定熔点　熔点测定的关键操作之一就是控制加热速度。一方面是为了保证有充分的时间使热能透过毛细管，样品受热熔化，使熔化温度与温度计所示温度一致；另一方面因观察者不能同时观察温度计所示度数和样品的变化情况，只有缓慢加热，才能减小此项误差。

（1）固定样品：将浴液加热，待温度上升至较规定熔点低限约低 10℃时，将装有样品的毛细管浸入浴液，贴附在温度计上（可用橡皮圈或毛细管夹固定），位置须使毛细管的内容物部分恰好处在温度计测量区中部。

（2）观察及记录：继续加热，调节升温速率为每分钟上升 1.0~1.5℃。小心观察熔点毛细管内待测样品情况，记录样品在初熔至终熔时的温度，重复测定 3 次，取其平均值。

"初熔"系指样品在毛细管内开始局部液化、出现明显液滴时的温度。

"终熔"系指样品全部液化时的温度。

"熔距"系指初熔与终熔的温度差值。

熔距可反映供试品的化学纯度。当样品存在多晶型现象时，在保证化学纯度的基础上，熔距大小也可反映其晶型纯度。重复测定时可控制加热速度，用小火加热（或将酒精灯稍微离开提勒管一些），当接近熔点时，加热速度要更慢，每分钟上升 0.2~0.3℃，此时应特别注意温度的上升和毛细管中样品的变化情况。要注意在初熔前是否有萎缩或软化、放出气体以及其他分解现象。例如某一化合物在 112℃时开始萎缩，113.0℃时有液滴出现，在 114.0℃时全部成为透明液体，应记录为：熔点 113.0~114.0℃[6]，112℃时萎缩。

每次测定都必须用新的熔点管重新装样品，不能使用已测过熔点的样品管[7]。

熔点测定的实验结束后，浴液要待冷却后方可倒回瓶中。温度计不能马上用冷水冲洗，否则易破裂，可用废纸擦净。

5. 实验内容　测定尿素、肉桂酸、尿素和肉桂酸（1∶1）混合物及未知样品（或苯甲酸、乙酰苯胺、苯甲酸苯酯、丙酰胺）的熔点。

【显微熔点测定法】

显微熔点测定法是使用显微熔点测定仪测定熔点的方法。此法样品用量少，能精确观测到晶体受热后熔化的过程。目前这种仪器的类型很多，但使用的原理是相同的，即通过加热，在显微镜下观察被测物的晶型由棱角收缩变为圆形时（始熔）到刚好全部变为液体(全熔)的变化过程。

显微熔点测定仪结构如图3-4所示。此仪器的优点:采用连续无级可调控温,升温速度平稳,数字显示熔点温度值,快而准确,无读数误差;可测高熔点(熔点可达350℃)的样品;所用样品比毛细管熔点测定法更少(微量);通过放大镜可以观察到样品晶体在加热过程中的转化及其他变化过程,如失去结晶水、多晶体的变化及分解等。

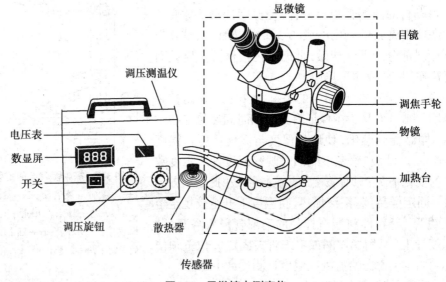

图3-4 显微熔点测定仪

操作步骤:

1. 取两片盖玻片,用蘸有乙醚(或乙醚和乙醇混合液)的脱脂棉擦拭干净。晾干后,取适量待测样品($\leqslant 0.1$mg)放在一片盖玻片上并使样品分布薄而均匀,盖上另一片盖玻片,轻轻压实。

2. 松开显微镜的升降手轮,上下调整显微镜,直到从目镜中能看到加热台中心时锁紧手轮。打开电源开关,调压测温仪显示出加热台即时的温度值。

3. 将自动熔点仪加热至较规定的熔点低限约低10℃时,调整升温速度使每分钟升温1℃左右,并将装有样品的盖玻片置于加热台中心(注意:测定过程中,加热台属高温部件,一定要使用镊子夹持来放入或取出样品。严禁用手触摸,以免烫伤!),盖上隔热玻璃。迅速微调调焦手轮,保证能清晰看到待测样品。观察被测样品的熔化过程,记录初熔和全熔的温度值。用镊子取下隔热玻璃和盖玻片,即完成一次测定。重复测定3次,取其平均值,即得。

4. 关闭电源,将散热器放在加热台上。

测定熔融同时分解的供试品时,方法如上述,但调节升温速度使每分钟升温2.5~3.0℃。

若对显微熔点测定法的测定结果持有异议,应以毛细管熔点测定法的测定结果为准。

完成本实验预计需要2.5小时。

【温度计校正】

　　用以上方法测定熔点时,温度计上的熔点读数与真实熔点之间常有一定的偏差,往往需要进行温度计的校正。为了校正温度计,可选用一标准温度计与之比较。通常也可采用纯粹有机化合物的熔点作为校正的标准。

　　校正温度计的标准样品见表3-1。

表 3-1　熔点法校正温度计的标准样品

标准样品	熔点 /°C	标准样品	熔点 /°C
水 - 冰	0	苯甲酸	122.4
α- 萘胺	50	尿素	132.7
二苯胺	54~55	二苯基羟基乙酸	151
对二氯苯	53.1	水杨酸	159
苯甲酸苄酯	71	对苯二酚	173~174
萘	80.55	3, 5- 二硝基苯甲酸	205
间二硝基苯	90.02	蒽	216.2~216.4
二苯乙二酮	95~96	酚酞	262~263
乙酰苯胺	114.3		

五、注解和实验指导

　　［1］样品应尽量研细,否则样品颗粒间传热效果不佳,使熔距变宽。若样品易吸潮,通常在红外灯下进行。

　　［2］测定结果与样品装入量及紧密程度有关。装入的样品要密实,受热时才均匀;如果有空隙,不易传热,会影响测定结果。测定易升华或易吸潮的物质的熔点时,应将毛细管开口端熔封。

　　［3］浴液:样品熔点在 220℃以下可采用液体石蜡或浓硫酸作浴液。液体石蜡较安全,但易变黄,且较高温度时有不愉快气味。浓硫酸价廉,易传热,但腐蚀性强;浓硫酸与有机化合物接触后颜色会变黑,妨碍观察,故装填样品时,沾在管外的样品必须擦去。如浓硫酸的颜色已变黑,可酌加少许硝酸钠或硝酸钾晶体,加热后便可褪色。使用浓硫酸时应特别小心,以防灼伤皮肤。

　　［4］浴液的量要适度,过少不能形成热流循环,过多则会在受热时膨胀淹没毛细管而使样品受到污染。

　　［5］用橡皮圈固定毛细管。要注意勿使橡皮圈触及浴液,以免浴液被污染和橡皮圈被浴液所溶胀,橡皮圈一旦被溶胀,毛细管则容易从温度计上滑落。

　　［6］温度计插入带缺口的橡皮塞时,应注意将温度计刻度面向塞子的开口处。

　　［7］熔化的样品冷却后又凝成固体,此时样品可能已分解或晶型发生改变,再加热测得的熔点往往不准确,故每次测定都必须用新的毛细管装样。

六、医药用途

纯粹的有机化合物有固定而敏锐的熔点,可通过熔点测定所得数据,推断被测物质为何种化合物,也可以初步判断被测物质的纯度。例如《中国药典》规定,尼莫地平(钙通道阻滞药)的熔点为124~128℃,熔点不在这个范围内或熔程过长的,都达不到该药物的法定质量要求。

七、思考题

1. 有两种白色粉末物质,其中一种其熔点测得结果为130.0~131.1℃,另一种为130.0~131.5℃,试用简便的方法确定这两种物质是否为同一种物质。

2. 为什么不能使用已测定过熔点的有机化合物再测其熔点?

（徐佳佳）

实验二　折光率的测定

Experiment 2　Determination of Refractive Index

一、实验目的

1. 了解折光率的测定原理和意义。
2. 了解阿贝折光仪的结构。
3. 掌握阿贝折光仪的使用方法。

二、实验原理

【基本原理】

折光率又称折射率,是液体有机化合物重要的物理常数之一。利用折光率不仅可以鉴定未知化合物,还可以确定液体混合物的组成及纯度。在不同介质中,光的传播速度是不相同的,当光线从一种介质 A(如空气)进入另一种介质 B(如丙酮、棱镜等)时,由于两种介质的密度不同,光的传播速度和方向均发生改变,这种现象称为光的折射,如图 3-5 所示。

由折射定律可知,波长一定的单色光在确定的外界条件(如温度、压力等)下,该介质的折光率 n(如 $n_{丙酮}$ 或 $n_{棱镜}$)即为入射角 i 与折射角 r 的正弦值之比:

$$n = \frac{\sin i}{\sin r}$$

折光率 n 的大小不仅与光线所经过的第二种物质的性质有关,还与测定时的温度以及光线的波长等因素有关。一种介质的折光率随光线波长变短而增大,随介质温度的升高而变小,所以折光率通常以 n_D^t 表示。其中, D 为钠光谱中的特征谱线,对应钠的黄色光,其

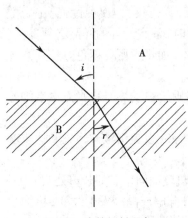

图 3-5　光的折射现象

波长为 589.3nm，常被用作标准来表示物质的折光率；除另有规定外，供试品温度（t）通常为 20℃。例如水在 20℃时用钠光测定折光率为 1.332 99，表示为 n_D^{20}=1.332 99。此外，一般温度升高（或降低）1℃，液体化合物的折光率减小（或增大）$3.5×10^{-4}$~$5.5×10^{-4}$。为了方便起见，在实际工作中，常把 $4×10^{-4}$ 近似地作为温度变化常数。例如，在 25℃时，甲基叔丁基醚的折光率实测值为 1.367 0，则可推算其在 30℃时，折光率的近似值应为：n_D^{30}=1.367 0$-$5$×$4$×10^{-4}$=1.365 0。

当光线从光疏介质进入光密介质，其入射角 i 必定大于折射角 r。入射角 i 接近或等于 90°时，$\sin i$=1，折射角 r 达到最大值，此时的折射角称为临界角，以 r_C 表示，此时的折光率 n 应为：

$$n=\frac{\sin i}{\sin r_C}=\frac{\sin 90°}{\sin r_C}=\frac{1}{\sin r_C}$$

因此，只要测定了临界角，即可计算出折光率，这就是折光仪的基本原理。折光仪的种类有普氏（Pulfrich）折光仪、浸入式（immersion）折光仪和阿贝（Abbe）折光仪等。目前通常使用阿贝折光仪，分为单目式和双目式阿贝折光仪，其优点是：构造简单，容易操作；精确度较高[1]，应用范围广，被测样品的用量少，可用白炽灯作为光源[2]。近年来随着微电子技术的发展和普及，数显阿贝折光仪已得到广泛使用，其操作和读数也更为方便，读数的误差也较小。

【阿贝折光仪的结构和工作原理】

阿贝折光仪（以双目式为例）的结构如图 3-6 所示，它的主要组成包括：左侧的读数镜，含一个镜筒和刻度盘，其中，刻度盘上左边一行数值是工业上测量溶液浓度的标度（0~95%），右边一行数值是折射率数值（1.300 0~1.700 0），精密度为 ±0.000 1；右侧是目镜，筒内装有消色散镜，可用来观察折光情况，找出临界角时的目镜视野；目镜正下方由

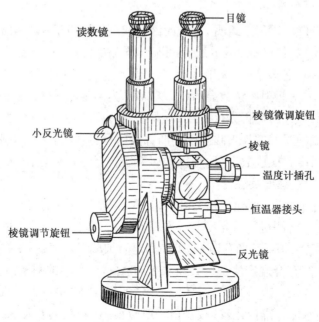

图 3-6 阿贝折光仪的结构

测量棱镜和辅助棱镜组成的棱镜组,其中辅助棱镜斜面是磨砂的,可以启闭,液体样品在辅助棱镜与测量棱镜之间展开成一薄层。当光由光源经反射镜反射至辅助棱镜后,其磨砂斜面发生漫射。随后,光线以不同入射角进入待测液体层,并最终反射至表面光滑的测量棱镜表面。此时,除一部分光线发生全反射外,其余光线经测量棱镜折射后进入测量目镜。调节旋钮使目镜呈临界角时的目镜视场,左面读数镜内的折射率数值即为被测液体的折光率。

在操作阿贝折光仪时,可将液体样品滴入仪器的两个折射棱镜中间,当光线从液层以 90° 射入棱镜时,则其折射角为临界角 r_C。由于临界光线的缘故,在临界角以内的区域都有光线通过,是明亮的,而临界角以外的区域没有光线通过,是暗的,在临界角上正好是"半明半暗"的。阿贝折光仪的目镜上有一个十字交叉线,如果十字交叉线与明暗分界线重合[3],如图 3-7(a)所示,就表示光线由被测液体进入棱镜时的入射角正好为 90°,此时在读数盘标尺上所对应的读数即为换算后的折光率,可直接读出[4],如图 3-7(b)所示。

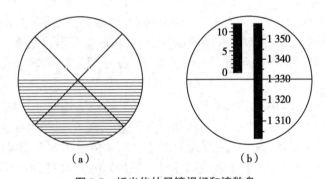

图 3-7   折光仪的目镜视场和读数盘
(a)折光仪在临界角时的目镜视场;(b)折光仪读数镜读数盘

数显阿贝折光仪广泛用于透明、半透明液体或固体的折射率的测定,仪器不仅可以显示样品的折光率以及锤度(brix)[5],还可显示样品的温度,操作更为方便。它的主要组成部分包含:目镜、色散手轮、调节手轮、聚光照明部件、射棱镜部件以及显示窗等,其显示窗下方 "READ" 为折射率读数显示键,"TEMP" 为温度显示键,其构造如图 3-8 所示。它的工作原理和双目式阿贝折光仪一致,均是基于测定临界角 r_C,由目视望远镜部件和色散校正部件组成的观察部件来瞄准明暗两部分的分界线,即为十字交叉线,并由角度数字转换部件将角度置换成数字量,输入微机系统进行数据处理,随后通过显示窗显示出被测样品的折射率、锤度及温度。

阿贝折光仪应定期进行校正,校正可用纯水或仪器内附的玻璃标准块。最简单的方法是用纯水校正,将测得的折光率与标准值比较,其差值即为校正值。纯水在不同温度下的折射率如表 3-2 所示,如有误差,可在测定后加减误差值,或通过调节校正螺丝来调整仪器读数,使其符合规定值。例如纯水在 20℃时折光率的测量值 $n_D^{20}=1.332\,87$,与表 3-2 标准值($n_D^{20}=1.332\,99$)相比,其差值 1.332 99–1.332 87=0.000 12 即为校正值。但需要注意的是,与纯水的标准值比较,校正值一般应很小,若数值太大,整个仪器必须用仪器内附的玻璃标准块重新调校[6]。

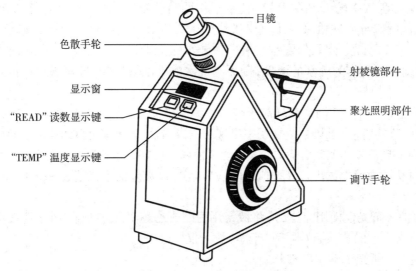

图 3-8 数显阿贝折光仪的结构

表 3-2 不同温度下纯水的折射率(n_D^t)

温度 /℃	折射率 /n_D^t	温度 /℃	折射率 /n_D^t
16	1.333 33	26	1.332 41
18	1.333 17	28	1.332 19
20	1.332 99	30	1.331 92
22	1.332 81	32	1.331 64
24	1.332 62	34	1.331 36

三、仪器与试剂

【仪器】双目式阿贝折光仪或数显阿贝折光仪。

【试剂】95% 乙醇、乙酸乙酯、丙酮、松节油、纯净水等。

四、实验步骤

【阿贝折光仪操作步骤】

1. 安装 将阿贝折光仪放在普通灯前或光线明亮、清洁干净的台面上,应避免阳光直射或靠近热源,以防液体样品蒸发。将温度计插入温度计插孔,用橡胶管把棱镜金属匣上恒温器接头与恒温水浴相连,调节温度(通常为 20℃ ± 0.1℃)。本实验在室温下测定,可不用恒温水浴调节温度,实际温度以折光仪上的温度计显示为准。

2. 清洗 旋开棱镜锁紧扳手,开启辅助棱镜,用擦镜纸蘸少量乙醇或丙酮轻轻擦洗上、下棱镜镜面[7],避免残留物质影响测定精确度。

3. 校正 滴加 1~2 滴校正用纯水于辅助棱镜磨砂面上[8],关闭辅助棱镜,旋紧棱镜锁紧扳手,使纯水均匀地充满视场,切勿有气泡。调节反光镜,使光进入棱镜组,目镜内视场明亮,调节目镜,使聚焦于十字交叉线的中心上;若出现彩色光带,转动棱镜微调旋钮(又称色散手轮),消除色散,使视场中明暗分界线清晰(上明下暗)。转动棱镜调节旋钮使明暗分界线恰好与十字交叉线的中心重合,如图3-7(a)所示;调节小反射镜,使刻度读数明亮,读取刻度盘数值即为纯水的折光率。重复2~3次,取平均值;同时记录温度计读数作为纯水的温度,随后与纯水的标准值比较,即可求得该折光仪的校正值。

4. 测量　滴加1~2滴待测样品于辅助棱镜磨砂面上,操作方法与校正方法一致,先转动棱镜调节旋钮,直至读数镜视场中出现半明半暗视野;转动色散手轮,使彩色光带消失,视场内呈现清晰的明暗分界;再次转动棱镜调节旋钮,使临界线正好在十字交叉线交点上,便可从读数镜中读出折光率值;重复2~3次,读数差值不能超过 ±0.000 2,然后取其平均值[9]。

5. 维护　折光仪使用完毕,应将棱镜用丙酮或乙醇清洗并干燥,拆下连接恒温水的胶管,排尽夹套中的水,将仪器擦拭干净,放入仪器盒中,置于干燥处。

【数显阿贝折光仪操作步骤】

1. 仪器的开启　按下"POWER"电源键,聚光照明部件中的照明灯亮,同时显示屏显示"00000",有时显示屏先显示"−",数秒后显示"00000"。

2. 清洗　打开折射棱镜部件,检查上、下棱镜表面,并用擦镜纸蘸少量乙醇或丙酮小心清洁其表面,测定每一个样品后均要仔细清洁两块棱镜表面。

3. 加样　滴加1~2滴待测样品或校正用纯水,使试样均匀地附于下棱镜表面,然后立即将上面的进光棱镜盖上闭合,压紧,注意切勿产生气泡。

4. 调节视场　旋转聚光照明部件的转臂和聚光镜筒,使上面的进光棱镜的进光表面得到均匀照明;通过目镜观察视场,同时旋转右侧的调节手轮以调节折射率读数,使明暗分界线落在十字交叉线视场中,明亮区域一般在视场顶部(如从目镜中看到视场是暗的,可将调节手轮逆时针旋转;如看到视场是明亮的,则将调节手轮顺时针旋转);随后旋转目镜下方的色散手轮,同时调节聚光镜位置,使视场中具有清晰的明暗分界线和最小的色散;最后旋转调节手轮,使明暗分界线准确对准十字交叉线的交点,其目镜视场如图3-7(a)所示。

5. 读数　按"READ"读数显示键,显示窗中"00000"消失,显示"−",数秒后"−"消失,显示被测样品的折射率。重复观察及记录读数3次,所得读数的平均值即为样品的折光率。若需要检测样品温度,可按"TEMP"温度显示键,显示窗将显示样品温度。折光率读数需用纯水进行校准,校正方法与前述双目式阿贝折光仪相同,并计算出校正值。

6. 维护　样品测量结束后,棱镜必须用乙醇或丙酮小心进行清洁,关闭仪器电源后将其置于干燥处。

完成本实验预计需要2.5小时。

五、注解和实验指导

[1] 测定纯净液体样品的折光率,可精确到1%,通常用4位有效数字进行记录。

[2] 阿贝折光仪有消色散装置,可直接使用普通灯光或日光,所测得的数值与用钠光的D线所测得的结果相同。

[3] 如果读数镜筒内视场不明亮,应检查小反光镜是否开启;如果在目镜中看不到半

明半暗,而是畸形的,这是因为棱镜间未充满液体;如果液体折光率不在 1.300 0~1.700 0 量程范围内,则阿贝折光仪不能测定,也调不到明暗分界线上。测定折光率时目镜中常见的图像如图 3-9 所示,这些均为不正确的视场。

图 3-9 测定折光率时目镜中常见的图像

[4] 阿贝折光仪刻度盘上的读数不是临界角的度数,而是已计算好的折射率,故可直接读出。

[5] 锤度指溶液中的固溶物的质量百分浓度,是化工、食品、医药等行业生产过程中的一个重要参数,通常用来表示糖溶液的质量分数。

[6] 调校方法:将标准玻璃块光滑面上加 1 滴溴代萘,贴于折射棱镜的光滑面上,使标准玻璃块光滑的一端向上接受光线,调节刻度盘所示折光率为标准玻璃块上刻明的折光率,再观察视场明暗分界线是否在十字交叉线中间,如果有偏差,则用方孔调节扳手转动示值调节螺钉,使明暗界线调至十字交叉线中间,固定螺钉。在以后测定过程中不允许再动。

[7] 棱镜是阿贝折光仪的关键部位,一定注意保护。擦洗棱镜时要单向擦,不要来回擦;滴加液体时,滴管的末端切不可触及棱镜,以免在镜面上造成痕迹。在使用一段时期后,必须用中性乙醇清洗棱镜,以除去棱镜上的油污。切勿用本仪器测定强酸、强碱或具有腐蚀性的盐类溶液。

[8] 如果测定易挥发性液体样品,可由棱镜侧面的小孔加入。

[9] 由于眼睛在判断临界线是否处于十字交叉线交点上时容易疲劳,为减少偶然误差,应转动手柄,重复测定 3 次,3 个读数相差不能大于 0.000 2。此外,试样的成分对折光率的影响极其灵敏,由于玷污或试样中易挥发组分的蒸发,试样组分的微小改变会导致读数不准,因此,测一个试样需重复取 3 次样。

六、医药用途

折光率是物质重要的光学常数,可用于测定物质的纯度,物质如果含有杂质,其折光率将有偏差,杂质越多,偏差越大。《中国药典》规定了折光率的上下限,并要求测定结果在此限度内方为合格;同时要求样品测定温度为 20℃±0.5℃。

七、思考题

1. 甲基叔丁基醚在 25℃时的折光率实测值为 1.367 0,在 20℃时其折光率的近似值应为多少?

2. 测定有机化合物折光率的意义是什么?

（霍丽妮）

实验三 旋光度的测定

Experiment 3 Determination of Optical Rotation

一、实验目的

1. 了解手性化合物的旋光性及其测定的原理、方法和意义。
2. 掌握旋光仪的使用方法。

二、实验原理

手性化合物(chirality compound)具有旋光性。旋光性是指使平面偏振光振动面发生旋转的性质,振动面被旋转的角度称为旋光度,用符号 α 表示。不同手性化合物的旋光能力不同,若能使振动面向右旋转(顺时针旋转)称为右旋体,用(+)表示;使振动面向左旋转(逆时针旋转)称为左旋体,用(−)表示。

旋光度的大小可以用旋光仪测定,其大小不仅与物质本性有关,还与溶液浓度、配制溶液所用溶剂、测定温度、光源波长、盛液管长度等测定条件有关。因此旋光仪测定的旋光度 α 并非特征物理常数,一般采用比旋光度 $[\alpha]_D^t$ 表示手性化合物的旋光性能,它是一个只与分子结构有关的表征旋光性物质的特征常数,比旋光度与旋光度的关系如下:

$$[\alpha]_D^t = \frac{\alpha}{lc}$$

式中,α 为旋光仪所测样品的旋光度;t 为测定时温度(一般为 20℃);D 是光源钠光波长 589nm;l 为盛液管长度(dm);c 为物质密度或溶液浓度($g \cdot mL^{-1}$)。

对于一个已知比旋光度的化合物,根据测得的旋光度可以判断其光学纯度及含量;对于一个未知比旋光度的纯物质,可以根据所测旋光度,求得其比旋光度。

三、仪器与试剂

【仪器】WXG-4 目视旋光仪(或 WZZ-1 自动旋光仪),分析天平,容量瓶(100mL)。

【试剂】葡萄糖,果糖,蒸馏水。

四、实验步骤

(一)旋光仪简介

实验室常用目视或自动旋光仪来测定旋光度。图 3-10 为旋光仪的工作原理示意图,图 3-11 为目视旋光仪的外形图。

根据图 3-10 所示,从钠光源发出的光,通过单色镜变成单色光后再通过起偏镜变成平面偏振光。平面偏振光通过盛有旋光性溶液的盛液管后,偏振面旋转一角度 θ_1,通过检偏器可测量出 θ_1。如图 3-12 所示,p 为单色光经起偏镜后的偏振方向,p' 为盛液管将偏振光旋转后的振动方向,θ_1 为小半暗角,θ_2 为大半暗角。

从目镜中可观察到以下几种视场,如图 3-13 所示:

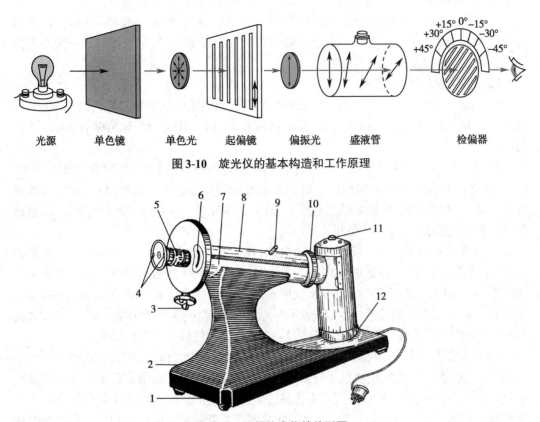

图 3-10   旋光仪的基本构造和工作原理

光源   单色镜   单色光   起偏镜   偏振光   盛液管   检偏器

图 3-11   目视旋光仪的外形图

1—底座；2—电源开关；3—刻度盘手轮；4—放大镜座；5—视度调节螺旋；6—度盘游标；7—镜筒；8—镜筒盖；9—镜盖手柄；10—镜盖连接圈；11—灯罩；12—灯座。

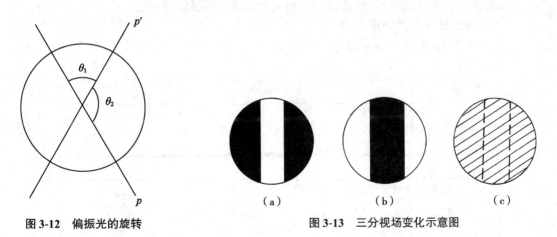

图 3-12   偏振光的旋转   图 3-13   三分视场变化示意图

（1）中间明亮,两边较暗。检偏器晶轴平行于光通过半荫片后的偏振光的偏振面,见图 3-13（a）。

（2）中间较暗,两边明亮。检偏器、起偏镜晶轴平行,见图 3-13（b）。

（3）视场内明暗一致的均一视场,见图 3-13（c）。检偏器晶轴位于大半暗角 θ_2（或小

半暗角 θ_1)的正中间,此位置称为零度,并使游标尺的 0° 线对准刻度盘 0°。

测定时,应调节视场呈明暗一致的单一视场。但当检偏器从 0° 旋转至 180° 时,会出现较明和较暗的两种单一视场。由于人眼对弱光变化较敏感,应选较暗的单一视场作为旋光仪的零点和测定终点的判断标准。

(二)目视旋光仪的使用

1. 待测溶液的配制   用分析天平分别准确称取所需量的葡萄糖和果糖,在 100mL 容量瓶中配成溶液,溶液若不透明澄清,用滤纸过滤[1],制得 $100g \cdot L^{-1}$ 葡萄糖和 $50g \cdot L^{-1}$ 果糖溶液。

2. 装待测液   用蒸馏水洗净盛液管(一般选用 1dm)后,用少量待测液润洗 2~3 次,注入待测液,并使管口液面呈凸面。将护片玻璃沿管口边缘平推盖好(以免使管内留存气泡),装上橡皮垫圈,拧紧螺帽至不漏水(过紧会使玻片产生应力,影响测量)。将盛液管外管和两端残余溶液擦干,备用[2]。

3. 旋光仪的零点校正   旋光仪接通电源,待钠光灯发光稳定后(约 5 分钟),将装满溶剂(本实验为蒸馏水)的盛液管放入旋光仪中,旋转目镜上视度调节螺旋至三分视场界线清晰、聚焦为止。转动刻度盘手轮,使度盘游标上 0° 线和主刻度盘 0° 对准,观察三分视场亮度是否一致。如若不一致,则表示零点存在误差,应转动刻度盘手轮使三分视场亮度一致(偏暗),记录刻度盘读数,重复 2~3 次,取平均值得零点校正读数。

4. 旋光度的测定[3]   将盛有待测样品的盛液管放入旋光仪,此时目镜观察到的视场为图 3-13(a)或(b),旋转刻度盘手轮至三分视场明暗度一致(偏暗),记录刻度盘读数至小数点后两位[4],读数与零点差值即为样品的旋光度。重复 2~3 次,取平均值。用相同的方法测定其余待测样品,测定已知浓度的葡萄糖和果糖的旋光度及未知浓度葡萄糖的旋光度,计算它们的比旋光度及百分浓度。

实验完毕,及时倒出待测液,洗净盛液管,再用蒸馏水洗净,擦干存放。

注意镜片应用软绒布或擦镜纸擦拭,勿用手触摸,以免镜片磨损。

(三)自动旋光仪的使用

图 3-14 为自动旋光仪外形示意图。

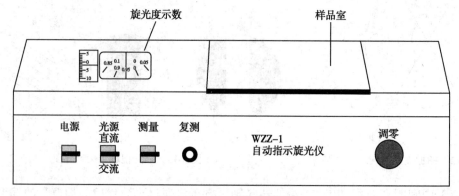

图 3-14   WZZ-1 自动旋光仪

使用方法:

1. 打开仪器电源,需预热 5 分钟使钠光灯发光稳定。

2. 打开直流开关。（若钠光灯熄灭，可将直流开关上下重复扳动 1~2 次，使钠光灯在直流电下点亮，为正常。）

3. 打开测量开关，调节零位手轮，使旋光度示数为零，关闭测量开关。

4. 将旋光管注入蒸馏水或空白溶剂，并使管口液面呈凸面。将护片玻璃沿管口边缘平推盖好（以免使管内留存气泡），装上橡皮垫圈，拧紧螺帽至不漏水（过紧使玻片产生应力，影响测量）。将旋光管外管和两端残余溶液擦干，如若装样过程中管内有气泡，将气泡浮入管内的凸起处。

5. 打开样品室盖，将旋光管置于样品室内，关闭样品盖，开启测量开关，调节零位手轮，使旋光度示数为零，关闭测量开关。

6. 取出旋光管，倒出蒸馏水或空白溶剂，注入待测样品少量并冲洗数次，然后装满待测样品，按相同位置和方向放入样品室内，盖好箱盖，开启测量开关。示数盘将自动转至该样品的旋光度，示数盘上红色示数为左旋（–），黑色示数为右旋（+）。

7. 扳下复测按钮，重复读数几次，取示数的平均值作为样品旋光度的测定结果。

8. 仪器使用完毕后，应依次关闭测量开关、直流开关、电源开关，取出旋光管洗净，晾干。

完成本实验预计需要 3.5 小时。

五、注解和实验指导

［1］供试样品溶液不应混浊或含有混悬微粒，否则应过滤并弃去滤渣。

［2］装入溶液后如若带入气泡，需将气泡浮于盛液管的凸起处。

［3］旋光度的测定与温度有关，使用钠光灯时，温度每升高 1℃，大多数手性化合物的旋光度下降 0.3%。精确测定时需恒温在 20℃ ± 2℃ 的条件下进行。

［4］刻度盘分两个半圆，分别标出 0~180°，固定游标分为 20 等分。读数时，先读游标的"0"落在刻度盘上的位置（整数值），再用游标尺的刻度盘画线重合的方法，读出游标尺上的数值（可直接读数到 0.05°），如图 3-15 所示，把左右两个读数盘的读数值求平均值，消除刻度盘偏心差。

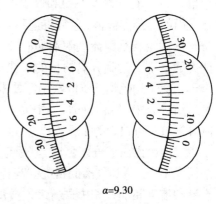

$\alpha = 9.30$

图 3-15　读数示意图

六、医药用途

在合成药物中具有手性的药物约占 40%。手性药物的不同异构体在代谢过程及活性、毒性等方面往往存在明显差异。例如，左旋多巴可用于治疗帕金森病，而右旋多巴则无疗效；左旋氧氟沙星的抗菌活性是外消旋体氧氟沙星的 2 倍，其右旋体无抗菌作用。

七、思考题

1. 影响旋光度的因素有哪些？

2. 已知某化合物 $[\alpha]_D^t$ 为 +66.4°，当用 2dm 的测试管测试时，旋光度为 +9.30°，试计算该化合物的浓度。

（职国娟）

第二节　有机化合物的波谱技术

实验四　气相色谱 - 质谱法

Experiment 4　Gas Chromatography-Mass Spectrometry

一、实验目的

1. 了解气相色谱 - 质谱法中涉及的气相色谱分析技术和质谱的基本原理。
2. 掌握气相色谱 - 质谱联用仪的操作步骤。
3. 掌握气相色谱 - 质谱联用仪数据分析的基本方法。

二、实验原理

1. 气相色谱　气相色谱（gas chromatography，GC）是 20 世纪 50 年代发展起来的一种以气体为流动相的分离分析新色谱技术，具有快速、高效和高灵敏度的优点，主要应用于沸点在 500℃以下、易挥发的多组分混合物的分离和鉴定。根据固定相的状态不同，气相色谱又分气液色谱（GLC）和气固色谱（GSC）两种。气液色谱固定相是吸附在小颗粒固体表面的高沸点液体，通常将这种固体称为载体或担体，而将被吸附的液体称为固定液。GSC 的固定相是固体吸附剂如硅胶、氧化铝和分子筛等，利用不同组分在固体表面吸附能力的差别而达到分离的目的。在实际工作中，气液色谱的应用比气固色谱更为广泛。由于广泛采用色谱 - 质谱联用等技术，把气相色谱杰出的分离能力与质谱的鉴定能力完美地结合起来，气相色谱 - 质谱联用仪已成为石油、化工、有机合成、生物化学和环境监测等领域不可缺少的工具。

气液色谱属于分配色谱，其原理是利用混合物中的组分在固定相和流动相之间的分配情况不同，达到分离的目的。当样品混合物被载气带入色谱柱时，样品中各组分在固定液和流动相的气相中进行多次分配平衡，由于组分的极性和挥发性不同，各组分以不同的流速流经色谱柱，从而得以分离。

气相色谱仪的基本结构和流程大同小异，具有共同的基本特征。其主要部件和流程如图 3-16 所示，包括载气供应系统、进样系统、色谱柱、温度控制系统、检测系统和数据处理系统等部分。而与质谱联用时，其检测系统就是质谱仪。图 3-16 中，载气由高压气瓶供给，由减压阀降压后，通过净化干燥管纯化脱水，再由精密控制阀控制气流的压力和速度，载气进入进样器、色谱柱及检测器等，待色谱柱的温度和载气的流速稳定后，从进样器注入样品。在载气的气流携带下，样品各组分即在色谱柱内分离。不同组分先后进入检测器，检测器将组分的瞬间浓度或单位时间的进入量转变为电信号，放大后由记录器记录成色谱峰。

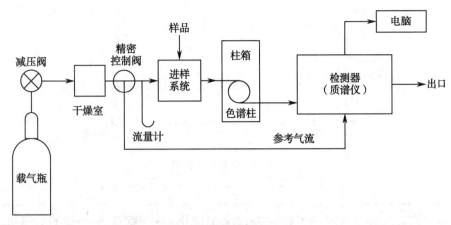

图 3-16　气相色谱流程图

气相色谱用微量注射器通过橡胶隔膜注入样品,注入样品的体积以微升计(1μL= 10^{-3} mL),气相色谱典型的注射量为 0.1~10μL。为了汽化样品,柱箱会保持较高的温度(70~250℃)。在用毛细管色谱柱时通常采用分流进样方式。常用的载气是氮气、氢气或氦气。

色谱柱是色谱仪的"心脏",柱的选择在很大程度上决定着分离的效果。色谱柱分为填充柱和毛细管柱两种。一般分析用的填充柱长度为 1~4m,内径为 2~5mm,柱中充满涂有固定液的载体。与填充柱相反,毛细管柱不用固体载体作支持剂,而是直接将液体固定相涂在长而细的管子的内壁,形成均匀的薄层。毛细管的材料通常为玻璃或石英,其直径为 0.25~1mm,长度为 10~60m。毛细管柱的分离能力远大于填充柱。依据固定相和操作条件,典型填充柱的理论塔板数为 10 000。而毛细管柱在理想的操作条件下,理论塔板数可高达 1 000 000,常用于复杂样品的快速分离。

2. 质谱　通过一定手段使分子电离,形成带电荷的离子;这些离子按照相对质量(m)和电荷(z)的比值(质荷比,m/z)大小依次收集,得到数据的方法即为质谱(mass spectroscopy, MS)。从 20 世纪 60 年代开始,质谱就广泛地应用于有机化合物结构分析和定性鉴定、原子量和分子量测定、分子式推断、同位素分析、化学反应过程研究、热力学和反应动力学研究,用于化学、化工、医药、生物、环境以及生产过程监测、环境监测、生理监测与临床研究、空间探测与研究等领域。

有机分子形成分子离子的离子化电压(解离能)为 9~15eV。但一般所用冲击电子流的能量为 50~80eV,常规为 70eV。此时,电子流电子的能量比解离能高。因此,受到轰击的分子,除形成分子离子外,还有多余的能量可导致化学键的断裂,形成众多碎片。这些碎片与分子结构有密切的联系,通过对这些分子离子和碎片的分析,可获得测试样品的结构信息。质谱图一般采用"条图",其横坐标为质荷比(m/z),纵坐标为峰的相对强度或称相对丰度。纵坐标是以图中最强的离子峰(称为基峰)的峰高为 100%,而以相对于它的百分比表示其他离子的强度(图 3-17)。峰越高表示检测到的离子越多,也表明该离子的结构比较稳定或者结构中产生该碎片的途径多。

典型的质谱仪一般由进样系统、离子源、质量分析器、检测器和数据处理系统组成;而与色谱联用时,其进样系统即为气相色谱或液相色谱(图 3-18)。

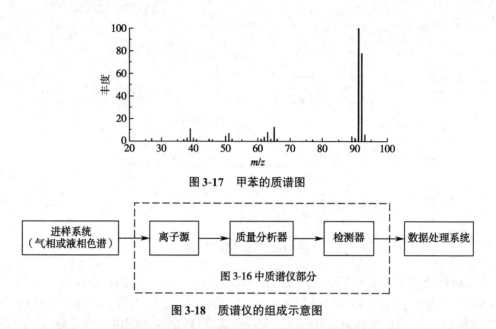

图 3-17   甲苯的质谱图

图 3-18   质谱仪的组成示意图

不同质谱仪的主要差异体现在离子源和质量分析器这两个模块。气相色谱 - 质谱法（GC-MS）的质谱中，常见的离子源是电子轰击（electron impact，EI）源和化学电离（chemical ionization，CI）源。EI 源结构简单，电离效率高，得到的离子流稳定性好、产率高，因此灵敏度高；得到的质谱中碎片离子也更多，提供的结构信息非常丰富，重现性好，同时还拥有最大的数据库。因而 EI 源成为质谱中最常用的离子源。目前，由美国国家标准与技术研究院（NIST）、美国环保署（EPA）和美国国立卫生研究院（NIH）联合发布的 NIST/EPA/NIH 质谱数据库是包括数据最多的 EI 源质谱数据库。该数据库每 3 年更新一次，其在 2020 年 6 月发布的 NIST 20 版本，收录了超过 30.6 万个化合物的质谱数据以及接近 14 万种化合物的 45 万条保留指数（retention index，RI）的信息。

但 EI 源的缺点是样品需要先汽化，不适用于难挥发、热稳定性差的样品的测定；同时由于电离的离子束能量高，很多化合物的分子离子的信号较弱或完全消失。CI 源就是为了解决 EI 源对于样品分子量太大或稳定性差的样品时，不易得到分子离子的问题而发展起来的一项电离技术。样品分子通过与反应气离子通过离子 - 分子反应而得以电离产生样品离子。常用的反应气有 CH_4、N_2、He 或 NH_3 等。利用 CI 源得到的是质子化分子离子（protonated molecular ion），即 $[M \pm H]^+$。这个名称是国际理论和应用化学联合会推荐的名称，以取代之前的"准分子离子"（quasi-molecular ion）。

GC-MS 的常见质量分析器为四极杆质量分析器和飞行时间质量分析器。四极杆质量分析器不用磁场，是将离子在四极杆组成的四极场（电场）中进行分析的质量分析器。其具有体积小、质量轻、成本低、操作容易、扫描速度快、谱峰容易识别、离子流通量大和灵敏度高等优点；缺点是分辨率低，对较高质量区域的离子有质量歧视效应。

飞行时间质量分析器不用电场也不用磁场，是使离子在加速电压（V）的作用下得到动能，根据离子在漂移管中的飞行时间与其质量的平方根成正比的关系，将离子分离。离子的质量越大，到达接收器所需时间越长；反之，则越短。该质量分析器的特点是扫描速度快、仪器体积小、质量轻、结构简单、具有较高的分辨率。

三、医药用途

气质联用是一种高精度、高灵敏度、高分辨率的分析技术，在药物分析、农药残留、杂质检测、代谢产物分析等多方面都有重要应用。

四、思考题

1. 如何判断分子离子峰？
2. 什么是简单裂解？简单裂解有哪几种类型？

（罗　轩）

实验五　核磁共振波谱法
Experiment 5　Nuclear Magnetic Resonance Spectrometry

一、实验目的

1. 了解核磁共振波谱法的基本原理。
2. 掌握利用台式核磁共振波谱仪进行核磁共振分析的操作步骤。
3. 掌握核磁共振数据分析的基本方法。

二、实验原理

自 1945 年以布洛赫（Bloch）和珀塞耳（Purcell）为首的两个研究小组同时独立发现核磁共振（nuclear magnetic resonance，NMR）现象以来，核磁共振的理论和方法得到了不断的发展和进步，其应用领域也在不断扩大。其理论基础是量子光学和核磁感应理论，而数据能够提供的主要信息有化学位移 δ、耦合常数 J 和积分面积。通过分析这三个信息，可以了解原子的个数、化学环境、邻接基团的种类、分子骨架和分析空间构型等。目前，核磁共振是鉴定有机化合物结构最有效的波谱分析方法。随着 1 200MHz 超导核磁共振仪的问世和动态核极化技术、扩散排序谱、NOAH（NMR by ordered acquisition using ^{1}H-detection）快速核磁共振实验的普及与应用，核磁共振的应用范围日趋扩大，成为化学、生物学、医学和材料学等领域十分重要的结构分析手段。

1. 原子核的自旋和核磁共振现象　原子核有自旋现象，因而具有一定的自旋角动量，用 P 表示。由于原子核是带电的粒子，因此其在自旋时将产生磁矩 μ。这两个物理量均是矢量，其方向是平行的。根据自旋量子数（I）的不同，可将核分为以下几类。

（1）自旋量子数 $I=0$：这类核没有核磁矩，$\mu=0$，即原子的质量数和原子序数均为偶数的原子核，如 ^{12}C、^{16}O、^{32}S 等。这类核无核磁共振信号。

（2）自旋量子数 $I\neq0$：这类核有核磁矩，$\mu\neq0$，具备在磁场中产生核磁共振信号的前提条件。这类核又分为两种情况：其一是 $I=1/2$ 的核，这类核可看成是电荷均匀分布的旋转球体，如 ^1H、^{13}C、^{15}N、^{19}F、^{29}Si、^{31}P 等，均是核磁共振测试的主要对象；另一种情况是 $I\geq1$ 的核，可看成是绕主轴旋转的椭球体，因其电荷分布不均匀，有电四偶极现象，在核磁共振里的信号较复杂。

自旋量子数是 1/2 的核,无外加磁场时,核的自旋取向是无规则的;若将原子核置于外加磁场中,则核可以形成两种规则的自旋取向:自旋产生的磁矩 μ 与外加磁场平行,磁量子数 $m=+1/2$;或反平行,磁量子数 $m=-1/2$(图 3-19)。

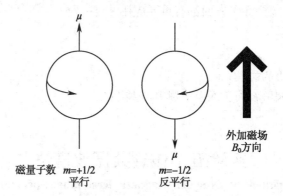

磁量子数 $m=+1/2$ 平行 $m=-1/2$ 反平行

图 3-19   质子在外加磁场中的两种自旋取向

其中与外加磁场同向的是稳定的低能态,而反向的则是高能态。两种自旋态能量差(ΔE)与外加磁场的强度成正比:

$$\Delta E = r\frac{h}{2\pi}B_0 \tag{1}$$

式中,r 为质子的磁旋比;h 为普朗克常数;B_0 为外加磁场的强度。

如用电磁波照射处于磁场中的原子核,则原子核会吸收能量,发生从低能态向高能态的跃迁,从而产生核磁共振信号。因此由公式(1)可推导出:

$$\Delta E = h\nu = r\frac{h}{2\pi}B_0$$

$$\nu = \frac{r}{2\pi}B_0 \tag{2}$$

式中,ν 为拉莫尔(Larmor)进动频率。

从公式(2)可知,在进行核磁共振分析时,原子核吸收的电磁波频率取决于原子核的种类(磁旋比)和外加磁场的强度。在核磁共振实验中由于氢核吸收能量所引起的共振现象用电的形式测量得到,并以峰谱的形式记录下来,称为氢核磁共振(^{1}H NMR)。此处将重点对 ^{1}H NMR 进行介绍。

2. 化学位移   有机化合物结构中的质子与独立的裸质子不同,其周围还有电子,这些电子在外加磁场的作用下会发生定向环流运动,从而产生电流。而这样的电流会产生一个对抗外加磁场的感应磁场。感应磁场可以使有机化合物结构中的质子"感受"到的磁场产生增加(去屏蔽效应)或减少(屏蔽效应),这取决于质子在结构中的位置和它所处的化学环境(周围电子云密度)。在去屏蔽效应的作用下,质子"感受"到的磁场增加,因而只需要较低的外加磁场即可产生核磁共振信号;相反,在屏蔽效应的作用下,质子"感受"到的磁场减少,则在较高的外加磁场下才可产生核磁共振信号。由于屏蔽和去屏蔽效应,有机化合物中不同质子在核磁共振实验中产生吸收电磁波频率相对于裸质子有偏移,这个现象称为化学位移(chemical shift)。

由于仪器的磁场强度会有差异,用磁场强度或频率表示化学位移值,则不同磁场强度的仪器测得的相同物质的化学位移数据是不同的。为了使不同仪器间获取的相同物质化学位移数据具有可比性,也为了克服磁场强度测不准的难题,定义一个与磁场场强无关的新量纲:将给定质子的化学位移值(以 Hz 为单位)除以使用的核磁共振仪频率(以 MHz 为单位),得到了一个与磁场强度无关的新尺度,称为化学位移(δ),见公式(3)。

$$\delta = \frac{\text{化学位移值(Hz)}}{\text{核磁共振仪频率(MHz)}} \tag{3}$$

公式中"M"是数量级 10^6,由于其在分母,因此变成 10^{-6},也就是百万分之一(part per million, ppm)。

迄今为止,国际上通用的化学位移的单位仍然是 ppm;但实际上 ppm 是一个旧单位,在我国 ppm 为非法定单位,化学位移用 δ 表示,没有单位。

由于化学位移的绝对值无法测定,因此现在核磁共振测量的是有机化合物中原子核与参考物质中同类核的共振频率差异。在有机溶剂中,最常用的标准参考物质是四甲基硅烷(tetramethylsilane, TMS),即 $(CH_3)_4Si$。

影响化学位移的主要因素有相邻基团的电负性、各相异性效应、范德华效应、溶剂效应及氢键等。一些常见基团相连的氢原子的化学位移值见表 3-3。

表 3-3　与不同基团相连的氢原子的化学位移

官能团(用"H"表示氢原子类型[a])	δ	官能团(用"H"表示氢原子类型[a])	δ
$R-CH_3$	0.7~1.3	$R-N-H$	var 0.5~4.0[b]
$R-CH_2-R$	1.2~1.4	$R-O-H$	var 0.5~5.0[b]
R_3CH	1.4~1.7	⬡$-O-H$	var 4.0~7.0[b]
$R-C=C-C-H$	1.6~2.6	⬡$-N-H$	var 3.0~5.0[b]
$R-\overset{O}{\overset{\|}{C}}-C-H,\ H-\overset{O}{\overset{\|}{C}}-C-H$	2.1~2.4	$R-\overset{O}{\overset{\|}{C}}-N-H$	var 5.0~9.0[b]
$N\equiv C-C-H$	2.1~3.0	$R-N-C-H$	2.2~2.9
⬡$-C-H$	2.3~2.7	$R-S-C-H$	2.0~3.0
$R-C\equiv C-C-H$	1.7~2.7	$I-C-H$	2.0~4.0
$R-S-H$	var 1.0~4.0[b]	$Br-C-H$	2.7~4.1

官能团（用"H"表示 氢原子类型 a）	δ	官能团（用"H"表示 氢原子类型 a）	δ
Cl—C—H	3.1~4.1	F—C—H	4.2~4.8
R—S(O)(O)—O—C—H	约 3.0	R—C=C—H	4.5~6.5
RO—C—H，HO—C—H	3.2~3.8	（苯环）—H	6.5~8.0
R—C(O)—O—C—H	3.5~4.8	R—C(O)—H	9.0~10.0
O₂N—C—H	4.1~4.3	R—C(O)—OH	11.0~12.0

注：a 对于表中—C—H，如果氢是在甲基上，化学位移值通常是所给范围的最低值；如果氢是在甲亚基上，化学位移值通常是所给范围的中间值；如果氢是在次甲基上，化学位移值通常是所给范围的最大值。

b 这类氢的化学位移是可变的，不仅受其化学环境的影响，还受到浓度、温度和溶剂的影响。

3. 峰面积　核磁共振谱中不仅可以区分一个分子有多少种不同类型的质子，而且还揭示分子中每类质子具体的数量。在核磁共振谱中，每个峰的面积与产生该峰对应的质子数量成正比。核磁共振仪具有对每个峰的面积进行电子积分的能力。它通过在每个峰值上追踪一条垂直上升的线［称为积分（integral）］，积分上升的高度与峰的面积成正比。因此，峰面积也称为积分面积。通常核磁软件可自动积分。例如肉桂酸谱图（图 3-20）中，4 组峰下方标示的面积与其质子数基本吻合。

4. 自旋 - 自旋耦合与自旋 - 自旋裂分　自旋 - 自旋耦合与裂分的产生是因为相邻碳原子上的质子可以相互"感知"彼此。碳 A 上的质子可以感知碳 B 上质子的自旋方向。这种影响虽不涉及化学位移的变化，但会改变谱图的峰形。

质子在磁场中有两种自旋取向，$m=+1/2$ 和 $m=-1/2$（见图 3-19），分别以 X 和 Y 表示。因此，在溶液的某些分子中，一部分分子中碳 B 上的质子磁量子数为 $+1/2$（X 型分子），而另一部分碳 B 上的质子磁量子数为 $-1/2$（Y 型分子），见图 3-21。

X 型和 Y 型分子中 H_B 外电子产生的感应磁场对 H_A 分别产生去屏蔽和屏蔽效应，使原有 H_A 的化学位移产生分裂（图 3-22）。两种自旋核之间引起能级分裂的相互干扰称为自旋 - 自旋耦合。其是通过化学键传递的，一般影响范围局限于 3 个化学键以内的两个核之间的耦合，而相隔 4 个或 4 个以上单键的耦合基本为零。在有不饱和键或在共轭体系时，会有远程耦合的情况。自旋 - 自旋耦合所引起的谱线增多的现象称为自旋 - 自旋裂分。自旋 - 自旋耦合作用的大小用耦合常数 J 表示，单位为 Hz。耦合常数体现了在磁场条件下,核与核之间的干扰作用,其大小不受外界磁场的影响,而与化合物的结构有关,是核磁共振仪提供的 3 个数据中包含结构信息最多的数据。

在一级谱(又称低级谱)中,质子受邻近碳上的质子耦合产生的裂分峰数目可用 $n+1$ 规则计算:若邻近碳上有 n 个相同的质子,则该质子的 ^{1}H NMR 信号会裂分为 $(n+1)$ 个裂

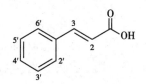

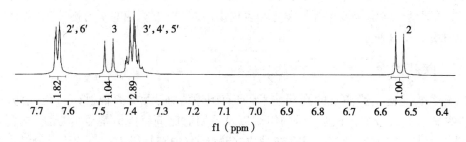

图 3-20 肉桂酸的 ^{1}H NMR 谱图

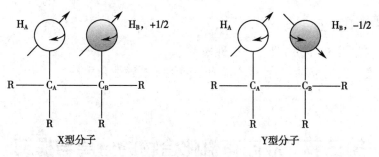

图 3-21 溶液中两种不同分子中质子 H_A 和 H_B 的自旋关系

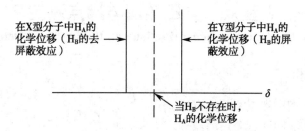

图 3-22 H_A 的核磁共振谱中自旋 - 自旋分裂的产生

分峰；由 $n+1$ 规则所得到的裂分峰强度比可用二项式 $(a+b)^n$ 的展开式的各项系数来表示，即杨辉三角形或帕斯卡三角形（Pascal's triangle），见表 3-4。

表 3-4　杨辉三角形

n	裂分峰强度比													峰形（英文，缩写）
0						1								单峰（singlet, s）
1					1		1							二重峰（doublet, d）
2				1		2		1						三重峰（triplet, t）
3			1		3		3		1					四重峰（quartet, q）
4		1		4		6		4		1				五重峰（quintet, $quint$）
5	1		5		10		10		5		1			六重峰（sextet, $sext$）
6	1		6		15		20		15		6		1	七重峰（septet, $sept$）

在两组相互耦合的信号中，还存在一个多重偏转（multiplet skewing）现象，也称为"屋顶效应"。即两个强度应该相等的裂分峰表现出内侧高、外侧低的不对称情况（如图 3-20 的 2 位 H 和 3 位 H 所示）。

三、医药用途

核磁共振是医学影像学的高端技术，具有图像清晰、无电离辐射、可以任意方位成像、能够显示 X 线及 CT 不能显示的组织以及不用对比剂就能清楚显示心脏、血管和体内腔道等优点，临床应用广泛。核磁共振在药物研究中则是极为重要的化合物结构解析技术。

四、思考题

1. 核磁共振谱内标物应具有什么性质？
2. 在核磁共振测量时，为什么不能有铁磁性或顺磁性杂质？

（罗　轩）

第三节　液态有机化合物的分离与提纯

实验六　常压蒸馏与沸点测定
Experiment 6　Atmospheric Distillation and Boiling Point Determination

一、实验目的

1. 掌握常压蒸馏和沸点测定的方法。
2. 熟悉常压蒸馏和沸点测定的原理。
3. 了解常压蒸馏和沸点测定的实际应用。

二、实验原理

蒸馏是将液体加热至沸腾变成蒸气,再将蒸气冷凝变成液体的过程。蒸馏是根据混合物中各组分的蒸气压不同而达到分离的目的,是分离和提纯液体有机化合物最为常用的方法。蒸馏一般包括常压蒸馏(atmospheric distillation)、减压蒸馏(vacuum distillation)、水蒸气蒸馏(steam distillation)和分馏(fractional distillation)。

沸点(boiling point,bp)是液体的饱和蒸气压等于外界气压时的温度。沸点是化合物重要的物理常数之一。通过测定液体有机化合物的沸点,可以初步了解液体有机物的纯度。对同一液体来说,其沸点会因外界压力的不同而发生变化。在一定压力下,一种纯净的液体有机化合物的沸点是一个常数,沸程较小(0.5~1℃);而不纯的液体有机化合物的沸点不恒定,且沸程较大。通过液体物质的沸点,可定性及粗略鉴定液体化合物的纯度。但是需要注意的是,具有恒定沸点的液体不一定都是纯物质,某些共沸混合物也具有恒定的沸点,例如95.6%乙醇和4.4%水、69.4%乙酸乙酯和30.6%乙醇,其沸点分别为78.2℃和71.8℃(纯乙醇的沸点为78℃)。常见共沸混合物的组成和共沸点可查阅附录5。

常压蒸馏可以把可挥发液体物质与不挥发的物质分离开,也可以分离两种或两种以上沸点相差较大(30℃以上)的液体混合物。通过蒸馏的方式可以浓缩溶液,达到回收溶剂的目的。

沸点的测定分为常量法与微量法。常量法沸点的测定可以通过蒸馏进行,其装置与蒸馏操作相同。常量法所需样品量较多,要10mL以上。若样品量小,可采用微量法,但微量法只适用于测定纯净液体物质的沸点。如果液体不纯,则无法测定其沸点,应该先对液体物质进行纯化,再测定其沸点。

三、仪器与试剂

【仪器】①常量法:圆底烧瓶(50mL或100mL),蒸馏头,温度计套管,温度计(100℃),冷凝管,接收管(圆底烧瓶或锥形瓶),水浴锅、酒精灯或其他热源,铁架台,烧瓶夹,冷凝管夹。②微量法:提勒管(b型管),温度计(100℃),橡皮塞,毛细管,酒精灯或其他热源,铁架台,烧瓶夹,沸点管。

【试剂】常量法:95%乙醇。微量法:无水乙醇或丙酮。

四、实验步骤

(一)常量法

1. 常压蒸馏通常需要10mL以上的液体量。安装蒸馏装置前,要根据蒸馏液体的量,选择大小合适的蒸馏烧瓶。蒸馏液体的体积一般不超过烧瓶容积的2/3,也不要少于1/3。常压蒸馏装置的安装顺序,一般先从热源(水浴、油浴或电热套)开始,自下而上、从左到右,按图3-23安装好仪器[1]。

2. 通过漏斗向蒸馏烧瓶小心加入待蒸馏的溶液(本次实验用95%乙醇),加入液体量为烧瓶容量的1/3~2/3,注意勿使液体从支管流出。再加入2~3粒沸石[2],然后安装上带有温度计的套管,冷凝管中通入冷凝水[3](冷凝水应从下口进入,上口流出)。检查装置的正确性与气密性：各部件装配应严密，且与大气相通（避免密闭系统，否则可能发生爆炸）。确认无误后方可加热[4]。

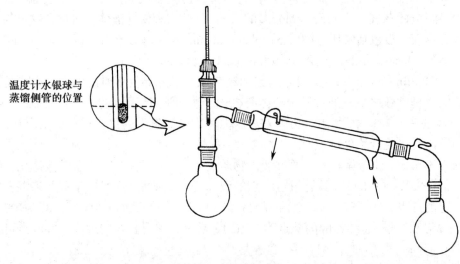

温度计水银球与
蒸馏侧管的位置

图 3-23　普通蒸馏装置

3. 刚开始加热时，可让温度升得快一点，注意观察蒸馏烧瓶内的现象及温度计的变化。当瓶内的液体开始沸腾，蒸气前沿到达温度计时，温度计的读数就会急剧上升。适当调节热源，使馏出液滴出速度为每秒 1~2 滴为宜。待温度稳定后，更换接收瓶，并对温度进行记录。当温度超过沸程范围时，停止接收馏分[5]，并记下此时的温度。沸程越小，蒸出的产物越纯。

4. 实验结束后，先停止加热，再停止通冷凝水。测量收集得到的馏分体积，并将馏分倒入废液回收瓶。最后拆卸仪器，拆卸顺序与安装顺序相反。

完成常量法实验预计需要 1 小时。

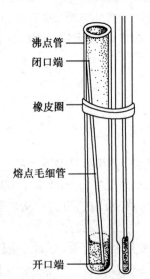

沸点管
闭口端

橡皮圈

熔点毛细管

开口端

图 3-24　微量法测定沸点装置图

冷凝管的选择可以根据馏分的沸点不同而有所区别。当馏分沸点高于 140℃时，宜使用空气冷凝管，以避免冷凝管内外温差过大而使管口容易破裂；当馏分沸点低于 140℃时，宜使用水冷凝管。

（二）微量法

1. 毛细管制备　制备内径约 1mm、长约 7~8cm、一端封闭的毛细管。

2. 仪器的安装　将提勒管用管夹固定在铁架台，装入易导热的液体作热浴液[6]，液面高出上测管约 0.5cm[7]。取 2~4 滴样品放于一长 7~8cm、直径约 3mm 且一端封口的沸点管中，将自制的内径约 1mm、长约 7~8cm、一端封闭的毛细管倒置在沸点管中，再将此沸点管用小橡皮圈固定于温度计旁，如图 3-24 所示，沸点管中液体试样部位与温度计水银球位置平齐。将温度计放入盛有适当传热介质的提勒管中,温度计插入提勒管内的深度以水银球恰在提勒管的两侧管口中部为宜。加热时,火焰须与提勒管的倾斜部分的下缘接触,此时,管内液体因温度差而发生对流循环,使液体受热均匀。

3. 测定沸点　将热浴慢慢地加热,使温度均匀地上升。当内管中有一连串小气泡不断地逸出时,停止加热,让热浴慢慢冷却,并密切关注气泡的逸出情况。当最后一个气泡逸出又欲缩入内管时的温度即为该液体的沸点。重复测定 3 次,每次数值相差不能超过 1℃。换另一液体样品,重复操作,测得其沸点。

完成微量法实验预计需要 1 小时。

五、注解和实验指导

[1] 仪器组装应做到横平竖直,铁架台一律整齐地放在仪器背后。

[2] 蒸馏时为防止过热暴沸,要加入沸石以引入汽化中心(沸石一般是无釉碎瓷片)。如果忘记加沸石,则应停止加热,直到液体冷至沸点以下时,再加入沸石,以免高温下加入沸石引起暴沸。重新蒸馏时,应补加新的沸石。

[3] 冷凝水的流速应以能保证蒸气充分冷凝为宜,通常只需缓缓的水流即可。

[4] 蒸馏易挥发、易燃的液体(如乙醚、乙醇等)时,不能用明火加热,以避免火灾。沸点在80℃以下的液体宜用水浴加热。

[5] 蒸馏瓶中的液体切不可完全蒸干,以防因剩余物过热分解或烧瓶干烧破裂而发生意外。

[6] 根据所测试样的沸点高低选择传热介质。常用传热介质见表3-5。

表 3-5　常用传热介质及适用温度范围

传热介质	适用温度范围 /℃
水	<100
液体石蜡	<220
浓硫酸	<250
磷酸	<300
硅油	<350

[7] 浴液的量要适度,过少则不能形成热流循环,过多则会在受热时膨胀淹没沸点管而使样品受到污染。

六、医药用途

常压蒸馏可以分离纯化液态中间体和原料药,以及回收有机溶剂等。沸点测定可以初步判断药物的纯度,也可以确定常压蒸馏的适宜温度范围。

七、思考题

1. 如果某种液体具有恒定的沸点,能认为它是纯净的物质吗?

2. 蒸馏时加入沸石的目的是什么？如果在蒸馏前，忘记加入沸石，该如何处理？用过的沸石是否可以再次使用？

（谭相端）

实验七　减压蒸馏
Experiment 7　Vacuum Distillation

一、实验目的

1. 了解减压蒸馏的基本原理。
2. 掌握减压蒸馏的实验操作技术。

二、实验原理

【基本原理】

沸点是指液体的蒸气压等于外界压力时的温度，因此液体的沸腾温度是随外界压力的变化而变化的，如果借助于减压设备降低蒸馏系统内部的压力，就可以降低液体的沸腾温度。这种在较低压力下进行蒸馏的实验操作称为减压蒸馏（又称真空蒸馏）。它是分离和提纯液体化合物的常用方法之一，特别适用于那些在常压蒸馏时未达沸点即已受热分解、氧化或聚合的物质，也适用于一般溶液的快速蒸馏、浓缩。

减压蒸馏时物质的沸点与液体表面的压力有关，见图 3-25。根据化合物的沸点与压力的关系，可从某一压力下的沸点估计出另一压力下的沸点。例如，某有机物在常压下的沸点为 250℃，推算减压至 20mmHg（2.67kPa）后它的沸点会变化到多少，可先在图中 B 线上找到 250℃ 对应的点，将此点与 C 线上 20mmHg 对应的点连成一条直线，延长此直线与 A 线相交于一点，交点所示温度就是该有机物在 20mmHg 时的沸点。

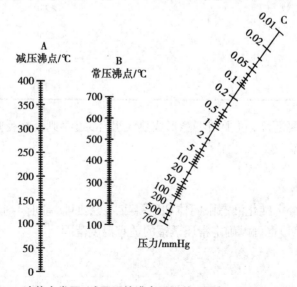

图 3-25　液体在常压、减压下的沸点近似关系图（1mmHg ≈ 0.133kPa）

一些大学和企业提供免费的沸点计算器,在搜索引擎输入"boiling point pressure calculator"后选用其中之一即可,使用很方便。

【常规减压蒸馏装置】

主要由蒸馏、减压(抽气)及安全保护和测压等三部分组成,如图3-26所示。

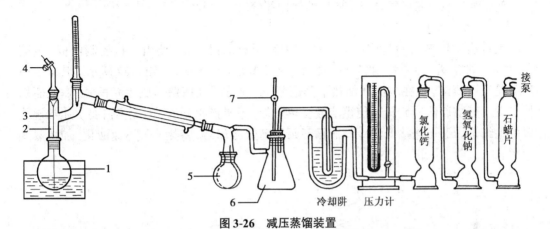

图3-26 减压蒸馏装置

1—蒸馏瓶;2—克氏蒸馏头;3—毛细管;4—螺旋夹;5—接收瓶;6—安全瓶;7—两通活塞。

1. 蒸馏部分 蒸馏部分由蒸馏瓶[1]、克氏蒸馏头、毛细管、温度计、冷凝管、接收器组成。在减压蒸馏时常会出现暴沸现象,为了避免液体冲到冷凝管中,多用克氏蒸馏头,其侧口插入温度计,直口插入毛细管,毛细管下端距瓶底1~2mm,上端接一带螺旋夹的橡皮管,调节螺旋夹进入少量空气可作为液体沸腾的汽化中心,使蒸馏平稳地进行[2]。接收器常采用圆底烧瓶或梨形烧瓶,不能使用平底烧瓶或锥形瓶。蒸馏时若要收集不同沸点的馏分而又不中断蒸馏,可用两尾或多尾接液管。多尾接液管的几个分支管需用塑料夹分别和几个接收器连接起来,转动多尾接液管,就可收集不同的馏分。冷凝管应根据馏出液的沸点选择,热浴常选用水浴或油浴,一般热浴的温度比液体的沸点高20~30℃。

2. 减压部分 实验室通常采用水泵或油泵作为减压设备。如果不需要很低的压力,可使用水泵,它能使系统压力降到1.067~3.333kPa(8~25mmHg)。当使用水泵抽气时,应在水泵前装上安全瓶,防止水压下降时水倒吸进入接收器而污染产品。安全瓶由耐压的抽滤瓶或其他广口瓶装置而成,瓶上的两通活塞可调节系统内压力,停止蒸馏时要先打开两通活塞,再关闭水泵。

如果需要很低的压力,可使用油泵,它通常能将系统压力控制在0.133~0.665kPa(1~5mmHg)[3]。若需要获得高真空即压力<13.332Pa(<0.1mmHg),一般可用扩散泵获得。

3. 保护和测压部分 使用油泵减压时,油泵与接收器之间除连接安全瓶外,还需顺次安装冷却阱和几种吸收塔,如图3-26所示,以避免水汽、酸性物质和挥发性烃类物质污染油泵用油、腐蚀机件,降低油泵减压效能。冷却阱通常盛有冷却剂(如冰-水、冰-盐、干冰-丙酮等),可用来冷却水蒸气和一些易挥发的有机溶剂;吸收塔(又称干燥塔)通常由无水氯化钙、氢氧化钠颗粒、片状固体石蜡三个塔组成,分别用来吸收水、酸性气体、烃类气体等。减压系统的压力常用水银压力计测量[4],主要有开口式和封闭式两种。开口式水银压力计较笨重,读数也较麻烦,但读数较为准确,两臂汞柱的高度差即为大气压和系统的压力差。封闭式水银压力计比较轻便,读数方便,但因残留空气导致读数不准确,需用开口式进行校正,读数时两臂液面高度之差即为系统的真空度。

在实验室中,为了能缩小安装面积又便于移动,可设计一小推车来安放油泵、保护及测压设备,车中设置两层,下层放置油泵,上层放置其他设备。

使用水泵减压时可省去安全瓶后的保护部分。

【旋转蒸发仪】

旋转蒸发仪是实验室广泛应用的一种减压蒸馏仪器,主要由主机控制面板、蒸馏瓶、水浴/油浴锅、冷凝管、收集瓶、加料/导气阀等部分组成,如图3-27所示。其基本原理就是减压蒸馏,是在减压和加热下蒸馏瓶恒速旋转,在瓶壁形成大面积薄膜,从而加快蒸发。蒸馏瓶恒速旋转还使得溶液受热均匀,不易产生暴沸,因此不需要上述常规装置的毛细管。还可连接低温冷却液循环泵等高效冷却器,将热蒸气迅速液化,加快蒸发速率。

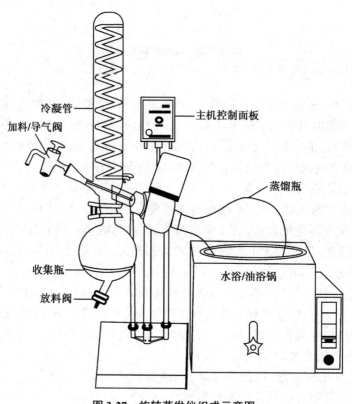

图 3-27　旋转蒸发仪组成示意图

三、仪器与试剂

【仪器】克氏蒸馏头,圆底烧瓶,直形冷凝管,多尾接液管,水浴锅或电热套,温度计,长毛细管,螺旋夹,安全瓶,水泵或油泵,压力计,减压保护装置,铁架台,橡皮管,旋转蒸发仪。

【试剂】乙酰乙酸乙酯、苯甲醛或苯胺等;95%乙醇、乙酸乙酯等。

四、实验步骤

【实验内容】

1. 市售乙酰乙酸乙酯含少量乙酸乙酯、乙酸和水等,由于乙酰乙酸乙酯在常压蒸馏时易分解产生去水乙酸,故需通过减压蒸馏进行提纯。在50mL圆底烧瓶中,加入20mL乙酰乙酸乙酯,通过常规减压蒸馏装置进行提纯。此外,可用相同的方法通过减压蒸馏提纯苯甲醛或苯胺等。

2. 采用旋转蒸发仪法蒸馏100mL 95%乙醇或乙酸乙酯等。

【常规减压蒸馏装置法】

1. 检查装置 按图3-26安装好减压蒸馏装置(注意安装顺序),检查系统是否漏气。具体方法:旋紧毛细管上的螺旋夹,打开安全瓶上的两通活塞,旋开水银压力计的活塞,然后启动油泵或循环水真空泵;逐渐关闭两通活塞,通过水银压力计观察系统所能达到的压力。若压力未能下降或变动不大,应检查装置中各部分的塞子和橡皮管的连接是否紧密。通常为使系统密闭性好,可将磨口仪器的所有接口装上聚四氟乙烯套,或者缠上生料带,或者涂抹真空油脂进行密封。检查完毕后,缓慢打开安全瓶活塞,使系统与大气相通,压力计缓慢复原,停止抽气[5]。

2. 加入物料 将待蒸馏液装入蒸馏瓶,装液量不宜超过其容积的1/2,并将蒸馏瓶浸入水浴或油浴中。若被蒸馏物质中有低沸点物质,在进行减压蒸馏前,应先进行常压蒸馏,然后用水泵减压,尽可能先除去低沸点物质。

3. 加热蒸馏 按照第1步所述的操作启动减压泵,通过毛细管上的螺旋夹调节空气进入量,调节毛细管导入的空气量,以使液体中能冒出一连串小气泡为宜。当调节到所需真空度时,通入冷凝水,开始加热。液体沸腾后,应注意控制加热温度,蒸馏速度以1~2滴/秒为宜。在蒸馏过程中要密切注意温度和压力的读数,并及时记录,纯物质的沸点范围一般不超过1~2℃。若需要收集多组分物质,可转动多尾接液管接受馏分,收集不同沸点的馏出液,直到蒸馏结束。

4. 停止蒸馏 蒸馏完毕,停止加热,慢慢旋开螺旋夹;待蒸馏瓶稍冷后再缓慢打开安全瓶上的活塞,解除真空;待系统内外压力平衡之后方可关闭抽气泵,否则由于系统内压力较低,油泵中的油有吸入干燥塔的可能。随后按照组装的相反顺序,小心拆除减压蒸馏装置,清洗仪器。

【旋转蒸发仪法】

1. 准备 将胶管与冷凝水龙头或冷却液循环泵连接,将真空胶管与真空泵相连;检查水浴锅和水泵中的水是否足够,若不够则添加[6]。

2. 开始 先接通冷凝水或打开冷却液循环泵,在主机上连接好蒸馏瓶,待蒸馏液可在连接前加入,或连接后从加料/导气阀减压加入,注意液体不能超过蒸馏瓶容积的1/2。打开真空泵,关闭加料/导气阀门,待真空泵真空表指针过半,松开蒸馏瓶,调整主机高度,使水浴锅液面不低于蒸馏瓶液面。打开水浴锅加热开关,调节至需要的温度;打开旋转开关,调节至需要的转速,进行旋转蒸发[7]。

3. 结束 依次停止加热和旋转,将主机升起,蒸馏瓶离开水浴锅。缓慢打开加料/导气阀门,待真空泵真空表指针归零,然后关闭真空泵及冷却水,卸下蒸馏瓶及收集瓶,完成实验。

完成本实验预计需要 2.5 小时。

五、注解和实验指导

[1]正确安装仪器装置,特别注意整套装置的严密性,切忌使用有裂缝或薄壁的仪器。

[2]减压蒸馏的毛细管要粗细合适,否则达不到预期效果。检查的方法一般是将毛细管一端插入少量丙酮或乙醚溶液中,由另一端吹气,从毛细管中冒出一连串小气泡,则毛细管合用。

[3]一般沸点低于 150℃的有机液体不能用油泵减压。

[4]为了维护水银压力计 U 形管不让水或其他脏物进入,在蒸馏过程中,待系统内的压力稳定后,可经常关闭压力计的旋塞,使之与减压系统隔绝,只在需观察压力时临时开启。

[5]一定要缓慢旋开安全瓶上的活塞,使压力计中的汞柱缓慢恢复原状,否则有冲破压力计的危险。

[6]水浴锅中的水不可过满,防止在烧瓶旋转过程中水溢出水浴锅而造成电路短路。

[7]蒸馏过程若发生液体暴沸,可打开加料/导气阀。

六、医药用途

减压蒸馏在医药领域常用于提纯液态化合物。有些活性成分易受热分解,其提取液常用减压蒸馏浓缩,最常用的是旋转蒸发仪。旋转蒸发仪、冷却液循环泵、真空泵配套下的减压蒸馏要比常压蒸馏的蒸馏速度快很多倍。

七、思考题

1. 减压蒸馏适用于哪些化合物的分离提纯?
2. 使用油泵减压时,要有哪些吸收和保护装置?其作用是什么?

(霍丽妮)

实验八　水蒸气蒸馏
Experiment 8　Steam Distillation

一、实验目的

1. 掌握水蒸气蒸馏的操作技术。
2. 了解水蒸气蒸馏的原理。

二、实验原理

水蒸气蒸馏是一种分离和提纯有机化合物的常用方法。尤其适用于分离:在其沸点附近容易分解的有机物;混有大量固体、焦油状或树脂状杂质的有机物;用其他方法分离

纯化时,操作有一定困难的有机物。采用水蒸气蒸馏法,被纯化的有机物必须兼备下列条件:

1. 不溶或难溶于水。

2. 与沸水或水蒸气长时间共存不发生化学反应。

3. 在100℃附近有一定的蒸气压,一般不应小于667~1 333Pa(5~10mmHg)。

一定温度下,在互不混溶的挥发性物质的混合物中,每一种挥发性物质都有各自的蒸气压,其大小和该物质单独存在时一样,与其他挥发性物质是否存在无关。这就是说混合物的每一组分是独立蒸发的。这一性质与互溶液体的溶液完全相反。

由道尔顿分压定律可知,进行水蒸气蒸馏,当向不溶于水的有机物中通入水蒸气(或将不溶于水的有机物与水一起加热)时,混合物液面上的蒸气压($P_总$)等于水的蒸气压($P_水$)与有机物的蒸气压($P_有$)之和,即:

$$P_总 = P_水 + P_有$$

当$P_总$等于外界大气压时,混合物开始沸腾,此时的温度即为该混合物的沸点。该沸点一定比其中任一组分的沸点低。这样,应用水蒸气蒸馏法就能在常压、低于100℃的温度下,将高沸点的有机物与水一起蒸馏出来。在蒸馏过程中,混合物的沸点保持不变,除非有机物完全蒸出,温度才上升为留在瓶中水的沸点。

由理想气体状态方程$PV = nRT$可知,在一定温度、一定容积下,混合蒸气(有机物蒸气和水蒸气)中,各气体分压之比等于它们物质的量之比。即:

$$P_有 / P_水 = n_有 / n_水$$

因为$n_有 = m_有 / M_有$,$n_水 = m_水 / M_水$

所以馏出液中有机物的质量与水的质量之比等于它们蒸气压和摩尔质量乘积之比。即:

$$m_有 / m_水 = M_有 n_有 / M_水 n_水 = M_有 P_有 / M_水 P_水$$

以苯胺为例,苯胺的沸点为184.4 ℃,若苯胺用水蒸气蒸馏,当加热到98.4℃时,水的蒸气压为718mmHg,苯胺的蒸气压为42mmHg,它们的总蒸气压为一个大气压,因此液体就开始沸腾。此时,在液面上的混合气体中,苯胺蒸气的质量与水蒸气的质量之比等于它们蒸气压和摩尔质量乘积之比。即:

$$m_苯胺 / m_水 = M_苯胺 P_苯胺 / M_水 P_水$$

$$m_苯胺 / m_水 = (93 \times 42)/(18 \times 718) = 1/3.3$$

也就是说,当蒸馏出3.3g水时,就有1g苯胺蒸出,即1g苯胺和3.3g水同时蒸出。因为苯胺微溶于水,导致蒸气压降低,所以实际所得结果较计算值低。

在实验室中,通常使用两种水蒸气蒸馏方法。其一,加热水蒸气发生器中的水,产生水蒸气,再通入盛有有机物的烧瓶内,此方法叫外蒸气法;其二,把有机物和水装入同一烧瓶中加热,就地产生水蒸气,此方法叫内蒸气法。

三、仪器与试剂

【仪器】圆底烧瓶(500mL),长颈圆底烧瓶(250mL),直形冷凝管,球形冷凝管,T形管,锥形瓶,螺旋夹,长玻璃管,分液漏斗,电炉或酒精灯,量筒,挥发油提取器,电热套。

【试剂】苯胺粗品,碎的橘子皮,碎的八角,碎的肉豆蔻,食盐,无水硫酸钠,乙醚。

四、实验步骤

（一）外蒸气法

1. 安装仪器   水蒸气蒸馏外蒸气法装置包括水蒸气发生器和普通蒸馏装置两部分，如图 3-28 所示。

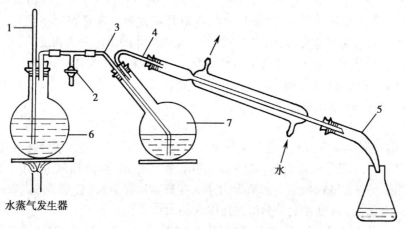

图 3-28   水蒸气蒸馏外蒸气法装置

1—安全管；2—螺旋夹；3—水蒸气导入管；4—馏出液导出管；5—接液管；6—圆底烧瓶；7—长颈圆底烧瓶。

　　按照图 3-28 安装仪器。取一个 500mL 圆底烧瓶作为水蒸气发生器（也可用金属瓶作水蒸气发生器），固定在铁架台上，盖上双孔胶塞，一孔插入 60~80cm 长的玻璃管，作为安全管[1]，管下端接近烧瓶底部，另一孔插入蒸气导管。导管与 T 形管相连，T 形管接橡皮管，并夹以螺旋夹。另取 250mL 长颈圆底烧瓶，使其以 30°~45° 角向圆底烧瓶倾斜[2]，并将其固定在铁架台上，通过 T 形管与圆底烧瓶相连。长颈圆底烧瓶亦配双孔胶塞，一孔插入一距离瓶底约 1cm 的弯形蒸气导管，另一孔则插入弯管，弯管与固定在铁架台上的冷凝管相连，弯管的两端以露出胶塞约 1cm 为宜。冷凝管的下侧通过接液管与三角烧瓶相连，以收集馏出液。

　　为了减少由于反复移换容器而引起的产物损失，常直接利用原来的反应器（即非长颈圆底烧瓶），按图 3-29 所示的装置进行水蒸气蒸馏。如产物不多，改用图 3-30 微量装置进行水蒸气蒸馏。

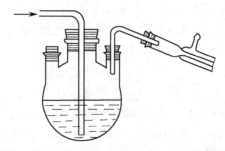

图 3-29   利用原反应容器进行水蒸气蒸馏的装置

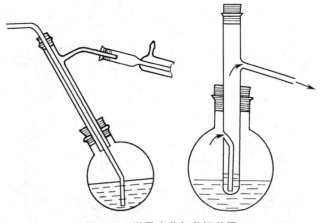

图 3-30 微量水蒸气蒸馏装置

2. 苯胺提纯

（1）在水蒸气发生器中加入容积 1/2~3/4 的水，量取适量苯胺粗品并加入长颈圆底烧瓶中[3]。检查装置是否密闭，接通冷凝水，冷凝水的流速可根据样品不同来调节[4]。打开T 形管的螺旋夹。

（2）加热水蒸气发生器，水沸腾后，旋紧 T 形管的螺旋夹，让水蒸气均匀地进入长颈圆底烧瓶中。此时，长颈圆底烧瓶中的混合物不停地翻滚，不久长颈圆底烧瓶液面上的苯胺蒸气和水蒸气就进入冷凝管，通过冷凝变成乳浊液，流入接收器，控制蒸馏速度为每秒 2~3 滴。如果长颈圆底烧瓶中的液体明显增多，应在此烧瓶下置石棉网，用小火加热[5]。

（3）当馏出液澄清时，停止蒸馏。先打开 T 形管的螺旋夹，然后熄火，停止通冷凝水。

（4）将馏出液转移到分液漏斗中，静置，待完全分层后，分出油层放入干净的锥形瓶中，干燥，振荡至油层透明，过滤除去干燥剂，即得到纯净的苯胺。

（5）量取产品体积，计算回收率。拆卸并清洗仪器。

完成苯胺提纯实验预计需要 2 小时。

（二）挥发油提取的简易方法

1. 安装仪器　由下至上依次安装圆底烧瓶、挥发油提取器（又称挥发油测定器或油水分离器）和回流冷凝管。

2. 挥发油提取　取样品适量（约含挥发油 0.5~1.0mL）置于 500mL 圆底烧瓶中，加入适量水，连接挥发油提取器与回流冷凝管。通冷凝水，然后加热至沸腾，保持微沸至提取器中挥发油油量不再增加，停止加热，放置片刻，打开提取器下端活塞，将水放出至油层上端到达零刻度线上为止。

相对密度在 1.0 以下或者以上的挥发油都可以用此装置提取：相对密度在 1.0 以下的挥发油选用图 3-31（a）所示的提取器；相对密度在 1.0 以上的挥发油，可选用图 3-31（b）所示的提取器，也可以在烧瓶中另外加入二甲苯 1mL，再选用图 3-31（a）所示的提取器。

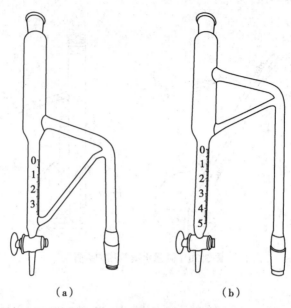

（a）　　　　　　　　　　（b）

图3-31　挥发油提取器

3. 实验内容（均为相对密度在1.0以下的挥发油）

（1）橘子皮中挥发油的提取：按照外蒸气法操作步骤提取橘子皮中的挥发油。

（2）八角茴香油的提取：取八角5g，用研钵捣碎，放入长颈圆底烧瓶中，按照外蒸气法操作步骤进行水蒸气蒸馏，收集约100mL馏出液后进行下面的实验。

1）嗅一下馏出液的气味。

2）取馏出液1滴，滴于小块滤纸片上，待其挥发后，观察滤纸上是否有油迹。挥发油滴于滤纸上，在室温放置或稍加热时，挥发油油迹消失；而脂肪油则不能挥发，因而留有持久性的油迹。

3）馏出液加适量食盐至饱和，然后移入分液漏斗中，用乙醚10~15mL萃取两次，分取乙醚层，加入适量无水硫酸钠除去水分，过滤，蒸馏除去乙醚，即得八角茴香油。

（3）肉豆蔻中挥发油的提取：取20g肉豆蔻和200mL水置于蒸馏瓶中，按挥发油提取简易方法进行操作，利用挥发油提取器提取肉豆蔻中的挥发油。

完成挥发油提取实验预计需要2小时。

五、注解和实验指导

［1］通过水蒸气发生器安全管中水面的高低，可以观察到整个水蒸气蒸馏系统是否畅通。若水面上升很高，则说明某一部分阻塞了，这时应立即旋开螺旋夹，移去热源，拆下装置进行检查（多数是水蒸气导入管下端被树脂状物质或焦油状物堵塞）和处理。否则，就有可能发生塞子冲出、液体飞溅的危险。

［2］长颈圆底烧瓶以30°~45°向圆底烧瓶倾斜，可以避免长颈圆底烧瓶（B）内液体因溅跳而冲入冷凝管而造成馏出液污染。

［3］水蒸气蒸馏前可向反应物中加入少量氯化钠，以加速苯胺从反应混合物中蒸出。

［4］如果随水蒸气蒸馏出的物质具有较高的熔点，在冷凝后易析出固体，则应调小

冷凝水的流速,使馏出物冷凝后仍保持液态。假若已有固体析出,并阻塞冷凝管时,可暂且中止冷凝水的流通,甚至暂时放去夹套内的冷凝水,以使凝固的物质熔融后随水流入接收器内。

［5］若由于水蒸气的冷凝而使长颈圆底烧瓶内的液体量增加,以至超过容积的 2/3 时,或者蒸馏速度不快时,可在长颈圆底烧瓶下置石棉网,小火加热。但要注意不能使烧瓶内产生崩跳现象,蒸馏速度控制在每秒 2~3 滴为宜。

六、医药用途

通过水蒸气蒸馏,可提取出中药材的挥发性成分。工艺简单,产物纯度较高。例如可用此法从徐长卿或牡丹皮中蒸出丹皮酚,丹皮酚具有镇痛、抗炎、解热等活性。

七、思考题

1. 用水蒸气蒸馏纯化的有机物必须兼备哪些条件?
2. 水蒸气发生器中安全管的作用是什么? 水蒸气蒸馏装置中的 T 形管有什么作用?

（王　敏）

实验九　分　馏
Experiment 9　Fractionation

一、实验目的

1. 了解分馏的原理和意义。
2. 掌握分馏的操作方法与技巧。

二、实验原理

蒸馏和分馏都是分离和提纯液体有机化合物的重要方法。两者的基本原理是一样的,都是利用有机物质的沸点不同。在蒸馏过程中低沸点的组分先蒸出、高沸点的组分后蒸出,从而达到分离提纯的目的。不同的是:蒸馏时混合液体中各组分的沸点要相差30℃以上,才可以进行分离,要彻底分离,沸点需要相差110℃以上。分馏可使沸点相近的互溶液体混合物,甚至沸点仅相差1~2℃的液体混合物得到分离和纯化。

分馏实际上就是多次蒸馏,适用于分离纯化沸点相差不大的液体有机混合物。如果将两种挥发性液体的混合物蒸馏,在沸腾温度下,气相和液相达到平衡,气相中挥发性强的组分含量比液相中要高;将此气体冷却下来再次加热沸腾,又会形成气液平衡体系,气相中强挥发性组分含量进一步提高;多次重复这一过程后就能分别得到两种接近纯组分的液体。如此经过多次热交换,多次冷凝与气化,使得低沸点组分不断上升最后被蒸馏出来,高沸点组分则不断流回到容器中,从而将沸点不同的物质分离。

可以通过"苯 - 甲苯溶液的沸点 - 组成曲线",更好地理解分馏的原理。通过实验测定各温度时气 - 液平衡状态下的气相和液相的组成,然后以横坐标表示组成,纵坐标表示温度绘制而成。从图 3-32 中可以看出,由苯 20% 和甲苯 80%(L_1)组成的液相在 102℃时沸腾,与此液相平衡的蒸气组成约为苯 40% 和甲苯 60%(V_1)。若将此组成的气相冷凝即得相同组成的液相(L_2),与液相(L_2)平衡的蒸气组成约为苯 60% 和甲苯 40%(V_2)。如此往复,即可获得接近纯苯的气相,相反亦可得到接近纯甲苯的液相。

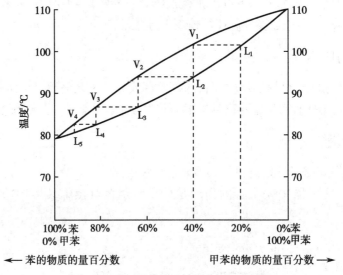

图 3-32　苯 - 甲苯体系的沸点 - 组成曲线

必须指出,有些组分以一定比例混合后可组成具有固定沸点的混合物,此混合物沸腾时其气相组成和液相组成一样,故不能用分馏法将其分离开来,这种混合物称为共沸混合物或恒沸混合物。

进行分馏操作需要应用分馏柱,它的作用是增加蒸气在柱内的冷凝面积,促进热交换,使化合物分离完全。为了达到较好的分馏效果,在操作时往往把分馏柱用石棉布包起来。为了增大与蒸气接触的面积,分馏柱中都装有填充料(如短玻璃管或玻璃珠等);填充料间应留有空间,使冷凝液与蒸气有通畅对流的可能。为了防止填充料掉下来,分馏柱底部可放玻璃丝少许,再将填充料放置于其上。工业上使用的精馏塔就相当于分馏柱的作用。

三、仪器与试剂

【仪器】水浴锅,100mL 圆底烧瓶,10mL、25mL、50mL 量筒,胶头滴管,50mL 锥形瓶(2 个),磨口塞 2 个,韦氏分馏柱,蒸馏头,温度计(100℃),直形冷凝管。

【试剂】石油醚(沸点 60~90℃)。

四、实验步骤

1. 选择合适的热浴,将待分馏液体、沸石加入烧瓶,如图 3-33 安装好装置,分馏柱要尽可能垂直。开始要用小火加热,以使浴温缓慢而均匀地上升。

2. 待液体开始沸腾,蒸气进入分馏柱中时,要注意调节浴温,使冷凝的蒸气环缓慢而均匀地沿分馏柱壁上升,蒸气环的位置如不容易看清,可用手指摸分馏柱的外壁来确定。如室温太低或液体沸点较高,分馏柱外壁散热太快,因而蒸气难于上升时,应将分馏柱用石棉布包扎起来。

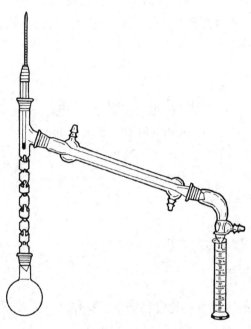

图 3-33 简单分馏装置

3. 当蒸气上升到分馏柱顶部,开始有馏出液馏出时,更应密切注意调节浴温。当冷凝管有液体流出时,记下此刻温度计的读数(初馏点)。仔细观察温度的变化,当温度平稳不再上升时[1],更换接收瓶,收集相关馏分。控制好加热温度,控制馏出液的速度为每 2~4 秒 1 滴。

4. 当温度持续下降时,即可停止加热[2],记录下最高温度。用干燥过的量筒测量主馏分的体积,同时测量前馏分和残液的体积,计算主馏分回收率[3],记录实验数据。如:30mL 石油醚,分别收集 60~65℃的前馏分、66~75℃的中馏分,后馏分则留在圆底烧瓶中。

5. 蒸馏完毕后,依次拆除装置。

完成本实验预计需要 2 小时。

五、注解和实验指导

[1] 因温度计的误差,实际温度可能有差异,以温度平稳为准。

[2] 如果没有观察到温度下降,而是温度上升,说明升温速度有点快,此时再蒸出的主要是水,故即便发现温度上升也要终止加热。

[3] 如果分馏太快,产品纯度将下降。

六、医药用途

在实验室中常用作润滑剂的凡士林,即由石油分馏得到。在药剂学中白凡士林常作为药用辅料,广泛应用于软膏剂的制备中。

七、思考题

1. 分馏时若加热太快,分离效率会显著下降,为什么?

2. 分馏和蒸馏在原理和装置上有什么不同和相同之处? 什么情况下必须通过分馏才能将混合液体完全分离?

（刘 健）

实验十 萃 取
Experiment 10 Extraction

一、实验目的

1. 掌握萃取的基本操作技术。
2. 复习常压蒸馏技术。
3. 了解液 - 液、液 - 固萃取的原理。

二、实验原理

萃取是提取、分离或纯化有机化合物的常用操作之一。按萃取两相的不同,萃取可分为液 - 液、固 - 液萃取。

（一）液 - 液萃取(liquid-liquid extraction)

液 - 液萃取是利用同一物质在两种互不相溶(或微溶)的溶剂中溶解度或分配比的不同,物质从一种溶剂转移到另一种溶剂中,从而达到分离或提纯目的的一种方法。

分配定律是液 - 液萃取方法的主要理论依据。在一定温度下,同一种物质(M)在两种互不相溶的溶剂(A,B)中遵循如下分配原理:

$$K = \frac{c_A}{c_B}$$

式中,c_A 为溶质在原溶液中的浓度;c_B 为溶质在萃取剂中的浓度;K 为分配常数。

用一定量的溶剂一次或分几次从水中萃取有机物,萃取效率不同。设 s_0 为水溶液的体积(mL),s 为每次所用萃取剂的体积(mL),x_0 为溶解于水中的有机物的量(g),x_1,…,x_n 分别为萃取一次至 n 次后留在水中的有机物的量(g)。根据 K 的定义进行以下推导:

一次萃取:$K = \dfrac{c_0}{c_1} = \dfrac{x_1/s_0}{(x_0 - x_1)/s}$,$x_1 = x_0 \dfrac{ks_0}{ks_0 + s}$

二次萃取:$K = \dfrac{x_2/s_0}{(x_1 - x_2)/s}$,$x_2 = x_1 \dfrac{ks_0}{ks_0 + s} = x_0 \left(\dfrac{ks_0}{ks_0 + s} \right)^2$

n 次萃取:$x_n = x_0 \left(\dfrac{ks_0}{ks_0 + s} \right)^n$

式中 $\dfrac{ks_0}{ks_0 + s} < 1$,随 n 值增大而减小,说明当把一定量的溶剂分成几份并进行多次萃取

时比用全部量的溶剂一次萃取,残留在水中的有机物少得多,即以少量多次萃取效率高。

例:在 100mL 水中溶有 5.0g 有机物,用 50mL 乙醚萃取,分别计算用 50mL 一次萃取和分两次萃取的量是多少?(设分配系数为水:乙醚 =1/3)

按上列推导式,50mL 乙醚一次萃取后,有机物在水中剩余量为:

$$x_1 = 5.0 \times \frac{\frac{1}{3} \times 100}{\frac{1}{3} \times 100 + 50} = 2.0g$$

如果用 50mL 乙醚以每次 25mL 萃取两次后,有机物在水中剩余量为:

$$x_2 = 5.0 \times \left(\frac{\frac{1}{3} \times 100}{\frac{1}{3} \times 100 + 50} \right)^2 = 0.8g$$

但是,连续萃取的次数不是无限度的,当萃取剂总量保持不变时,萃取次数(n)增加,s 就会减少;当 $n>5$ 时,n 和 s 这两个因素的影响就几乎相互抵消了,再增加 n,x/x_{n+1} 的变化不大。因此萃取操作一般就是"少量多次,三次为宜"。

萃取剂要求与原溶剂不相混溶、对被提取物质溶解度大、纯度高、沸点低、毒性小、价格低等。常用的萃取剂有乙醚、苯、四氯化碳、石油醚、氯仿、二氯甲烷和乙酸乙酯等。

(二)固 - 液萃取(solid-liquid extraction)

固体物质的萃取是利用固体物质在液体溶剂中溶解度不同而达到提取或分离的目的。若待提取物在某种溶剂中的溶解度大,或待提取物受热时易分解,可采用室温浸出法;若待提取物的溶解度小,或需要快速提取,则采用加热提取法。

加热提取方法常采用索氏提取器[Saxhlet 提取器,图 3-34(a)]和普通回流装置[图 3-34(b)]。索氏提取器运用回流及虹吸现象,使固体物质每次均为纯溶剂所萃取,效率较高。萃取前先将固体物质研细,以增加液体浸渍的面积,将固体物质用滤纸包成圆柱状(其直径稍小于提取器的内径,且高度不能高于虹吸管),置于提取器中。提取器的下端通过磨口与装有溶剂的烧瓶连接,上端接上冷凝管。加热溶剂至沸腾,蒸气通过玻璃管上升,被冷凝管冷凝成液体,滴入提取器中,浸泡滤纸包,当液面超过虹吸管的最高处时,即发生虹吸流回烧瓶。如此反复,萃取出溶于溶剂的部分物质随液体流到烧瓶内,达到提取分离的目的。

在普通回流装置中,用溶剂将固体物质浸泡。煮沸液体,溶剂蒸汽上升至冷凝管,被冷却后回流到烧瓶中[如图 3-34(b)]。

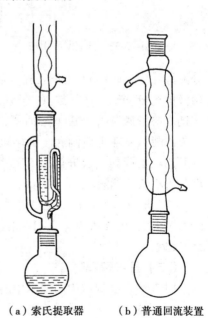

(a)索氏提取器　　(b)普通回流装置

图 3-34　固 - 液萃取装置

三、仪器与试剂

【仪器】分液漏斗（125mL），点滴板，回流冷凝管，蒸馏烧瓶（100mL），蒸发皿，滤纸，索氏提取器（125mL），离心试管（10mL），毛细滴管，圆底烧瓶（10mL）。

【试剂】苯酚水溶液（50g·L⁻¹），乙酸乙酯，FeCl₃溶液（10g·L⁻¹），70%乙醇，槐米。

四、实验步骤

（一）液-液萃取的常规方法

1. 分液漏斗的使用

（1）振摇萃取：取 125mL 分液漏斗一个，洗净，在下端玻璃活塞涂好凡士林（如为聚四氟乙烯活塞，则不需要凡士林），把水放入分液漏斗中检漏。确认不漏水后，关好活塞，把被萃取溶液倒入分液漏斗中，然后加入萃取剂（一般为溶液的 1/3）；塞紧上口塞子，取下漏斗，右手握住漏斗上口颈部，并用掌心顶住塞子，左手握在漏斗活塞处，用拇指压紧活塞，食指和中指分叉在活塞背面，如图 3-35 所示，斜持漏斗使下端略朝上，前后小心振摇或做圆周运动，以使两液体充分接触。

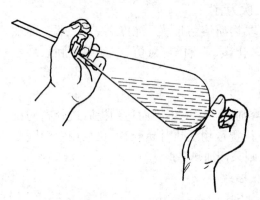

图 3-35　分液漏斗用法

（2）倾斜放气：振摇数次后，开启下端活塞放气，以免内部压力过大，上口塞子被顶开造成漏液[1]。关闭活塞再振摇、再放气，重复操作 3~4 次。这个过程始终要斜持漏斗使下端略朝上。

（3）静置分层：将漏斗直立静置于铁圈中，打开上口塞子，待溶液清晰分层后，慢慢开启下端活塞，下层液体由下口放出，上层液体由上口倒出。

2. 用乙酸乙酯从苯酚水溶液中萃取苯酚

（1）取 50g·L⁻¹ 苯酚水溶液 20mL 加入分液漏斗中，加 10mL 乙酸乙酯，盖好塞子，用上述操作方法振摇分液漏斗 3~5 分钟，使两液体充分接触。然后放气、静置，待溶液清晰分层后（如出现乳化现象，可加入饱和氯化钠水溶液破乳），开启下端活塞，将下层水溶液经漏斗下口完全地放入一烧杯中，上层乙酸乙酯从漏斗上口倒入一锥形瓶中。再将分离后烧杯中的水溶液倒入分液漏斗中，用 5mL 乙酸乙酯如上法进行第二次萃取，弃去水层，分离出乙酸乙酯层，并入锥形瓶中，即得苯酚乙酸乙酯液。

（2）取未经萃取的 50g·L⁻¹ 苯酚水溶液和第一次、第二次萃取后下层水溶液各 2 滴于点滴板上，各加入 10g·L⁻¹ FeCl₃溶液 1~2 滴，比较各颜色的深浅，思考颜色不同说明什么问题[2]。

（二）固-液萃取

用 70% 乙醇提取中药槐米中的芸香苷。

1. 提取

方法 A：用索氏提取器装置。称槐米 2.5g，放入滤纸筒并封装好，然后将滤纸筒放入索氏提取器中,如图 3-34(a)所示。圆底烧瓶内加入约 2/3 体积(过少难以发生虹吸)的 70% 乙醇、沸石 2~3 颗,接上冷凝管,置水浴或电热套上加热回流。待虹吸多次,提取物已大部分抽提完后,撤去热源,稍冷后拆除装置,得到提取液。

方法 B:用普通回流装置。称槐米 2.5g,置于 100mL 圆底烧瓶中,加入 70% 乙醇 40mL,按图 3-34(b)所示接上回流冷凝管,置水浴或电热套上加热回流 20 分钟,趁热过滤。残渣再加 70% 乙醇 15mL,同上法再加热回流 10 分钟,趁热过滤。合并两次滤液即得提取液。

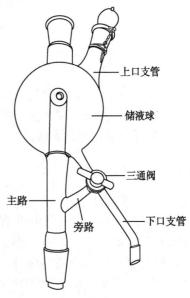

——上口支管

——储液球

——三通阀

主路——

旁路——　——下口支管

图 3-36　回流蒸馏两用头

2. 常压蒸馏　将上一步所得提取液进行常压蒸馏浓缩,并回收乙醇。蒸馏至小体积(2~3mL)时,停止加热,冷却后即有黄色晶体析出。抽滤,用蒸馏水洗涤结晶 1~2 次,抽干,干燥后即得黄色的芸香苷粉末。

完成本实验预计需要 2 小时。

实际工作中,固 - 液萃取后常常接着进行蒸馏浓缩。为连续作业,节省拆装仪器时间,可在固 - 液萃取时,于圆底烧瓶和回流冷凝管之间加一个回流蒸馏两用头(图 3-36)。需要回流时,调节三通阀,使冷凝的溶剂经旁路回到圆底烧瓶;而萃取完成后需要蒸馏时,使溶剂经下口支管导出即可。

五、注解和实验指导

[1] 由于大多数萃取剂沸点较低,在萃取振荡的操作中会产生一定的蒸气压,再加上漏斗内原有溶液的蒸气压和空气的压力,其总压力大大超过大气压,足以顶开漏斗塞子而发生喷液现象,因而在振摇几次后一定要放气。

[2] 经一次萃取后,取下层水溶液 2 滴于点滴板上,加 $10g \cdot L^{-1}$ $FeCl_3$ 溶液 1~2 滴,如呈较深蓝紫色,可再萃取一次,如呈很浅的蓝紫色或无蓝紫色,即不用再萃取。

六、医药用途

除了药物制备,萃取在临床上也有用途。例如真假乳糜液的鉴别:胸腔积液中加乙醚后振荡,乳糜能溶于乙醚,下层胸腔积液变清,而假性乳糜胸的胸腔积液则改变不明显。

七、思考题

1. 影响液 - 液萃取效率的因素有哪些? 如何选择萃取剂?

2. 若用乙醚、氯仿、丁醇、苯等溶剂萃取水中的有机物,它们将在上层还是下层? 应从分液漏斗何处放入另一容器中?

(潘乔丹)

第四节　固体有机化合物的分离与提纯

实验十一　重　结　晶
Experiment 11　Recrystallization

一、实验目的

1. 掌握重结晶提纯固态有机化合物的基本原理和方法。
2. 掌握饱和溶液的配制、抽滤、热滤的操作方法。
3. 了解重结晶的意义。

二、实验原理

将晶体用溶剂加热溶解后，又重新结晶析出的过程称为重结晶。固体有机化合物在溶剂中的溶解度与温度有密切的关系。通常温度升高，溶质溶解度增大，反之则溶解度降低。若使固体溶解在热溶剂中，并使其达到饱和溶液，冷却时，溶质溶解度下降，溶液变为过饱和而析出结晶。利用溶剂对被提纯化合物及杂质的溶解度不同，可以使被提纯物质从过饱和溶液中析出。若杂质的溶解度很小，可在热滤时被除去；若杂质溶解度很大，则冷却后留在母液中，从而达到分离提纯固体有机化合物的目的。

重结晶一般只适用于杂质含量在 5% 以下的固体混合物的纯化，当杂质含量过多时，应先采用其他方法如层析、萃取、蒸馏等初步提纯，再进行重结晶。

重结晶的一般过程为：

（1）将待纯化的物质在已选好的溶剂中配制成饱和溶液或接近饱和的浓溶液。

（2）若溶液含有有色杂质，可加适量活性炭煮沸脱色。

（3）将上述饱和溶液趁热过滤，除去不溶性杂质及活性炭。冷却滤液，使结晶析出，而可溶性杂质留在母液中。

（4）抽滤、洗涤、干燥。

（5）用适当方法检查纯度，如纯度不符合要求，可重复上述重结晶操作。

三、实验步骤

1. 溶剂的选择　适宜的溶剂对于重结晶非常关键，应符合下列要求：①不与被提纯物起反应。②被提纯物应易溶于热溶剂而难溶于冷溶剂。③对杂质的溶解度应非常大（杂质留在母液不随被提纯物的晶体析出，以便分离）或非常小（趁热过滤除去杂质）。④能得到较好的结晶。⑤溶剂的沸点适中。若过低，溶解度改变不大，难分离，且操作也较难；若过高，附着于晶体表面的溶剂不易除去。⑥最好是价廉易得，毒性低，回收率高，操作安全。

常见的重结晶溶剂见表 3-6。更多溶剂的极性及沸点值可查阅附录 4。

表 3-6　常用的重结晶溶剂

溶剂名称	bp/°C	ρ/(g·cm⁻³)	极性	溶剂名称	bp/°C	ρ/(g·cm⁻³)	极性
水	100.0	1.000	很大	环己烷	80.8	0.78	很小
甲醇	64.7	0.792	很大	苯	80.1	0.88	小
95% 乙醇	78.1	0.804	大	甲苯	110.6	0.867	小
丙酮	56.2	0.791	中	二氯甲烷	40.8	1.325	小
乙醚	34.5	0.714	小	四氯甲烷	76.5	1.594	很小
石油醚	30~60 60~90 90~120	0.68~0.72	很小	乙酸乙酯	77.1	0.901	中

溶剂选择的方法通常根据"相似相溶"的原理，通过溶解度试验来选择溶剂。

（1）单一溶剂的选择：取 0.1g 样品置于干净的小试管中，用滴管逐滴滴加溶剂，并不断振摇。当加入溶剂的量达 1mL 时，观察溶解情况，若该物质很快全部溶解或大部分溶解，说明溶剂对该物质的溶解度太大，此溶剂不适用。

取 0.1g 固体样品加入 1mL 溶剂中，加热沸腾后仍不溶解，则可逐步添加溶剂，每次约 0.5mL，加热至沸，若加溶剂量达 4mL，而样品仍然不能全部溶解，说明溶剂对该物质的溶解度太小，此溶剂不适用。

若 0.1g 固体样品能溶在 1~4mL 沸腾的溶剂中，冷却时结晶能自行析出，或经摩擦能析出较多的量，则此溶剂可以使用。

按照上述方法逐一试验不同的溶剂，试验结果加以比较，选择结晶收率最高的溶剂来进行重结晶。

（2）混合溶剂的选择：当一种物质在单一溶剂中的溶解度太大或太小，无法筛选出合适的溶剂时，可以使用混合溶剂。混合溶剂是指将对被提纯的有机化合物溶解度很大的和溶解度很小的两种可以互溶的溶剂混合使用，通常溶解度较大的溶剂称为良溶剂，溶解度较小的称为不良溶剂。用混合溶剂重结晶时，先将样品溶于沸腾的良溶剂中，趁热过滤除去不溶性杂质（如有），然后逐滴滴入热的不良溶剂并振摇，直到混浊不再消失为止。再加入少量良溶剂并加热使之恰好透明，放置冷却使结晶析出。常用的混合溶剂有乙醇 - 水、丙酮 - 水、乙酸 - 水、乙醚 - 甲醇、乙醚 - 石油醚、苯 - 石油醚等。常见有机溶剂的互溶情况可查阅附录 3。

2. 样品的溶解　确定重结晶使用的溶剂后，根据查得的溶解度数据或者溶解度试验估算出溶剂用量。通常将待结晶的样品置于锥形瓶中，加入比估算量略少的溶剂，加热至沸腾（若使用有机溶剂则需要安装回流冷凝装置，避免溶剂挥发），回流一段时间后，若未完全溶解，可再次逐渐添加溶剂，每次加入后均需再加热使溶液沸腾，直至固体完全溶解（需注意是否有不溶性杂质存在，以免误加过多溶剂），最后再多加 15%~20% 的溶剂，防止溶剂因挥发而减少，或因降低温度使溶液变为过饱和而析出沉淀。

3. 活性炭脱色　若粗产物溶于溶剂后为澄清透明、颜色较浅的溶液，可不必用活性炭处理。

有时有机反应会产生一些相对分子质量较大的有色杂质,在重结晶冷却析晶时,杂质可能会被结晶吸附,影响结晶的颜色及纯度。通常加入吸附剂来除去这些杂质。常用的吸附剂有活性炭、氧化铝、活性白土等,最常用的是活性炭。

使用活性炭处理时,应将完全溶解的沸腾溶液稍微冷却(切不可将活性炭加入沸腾的溶液中,以免暴沸而溅出),然后加入活性炭,再加热沸腾 5~10 分钟。活性炭的用量因杂质的多少、溶液颜色的深浅而定,一般用量为固体样品干重的 1%~5%,因活性炭也会吸附一部分产物,故活性炭用量不宜太多。若一次脱色不彻底,可再加入固体样品干重 1%~2% 的活性炭重复操作一次。

4. 趁热过滤 固体粗产物溶于热的溶剂中,经活性炭脱色后,必须趁热过滤,以除去吸附了有色杂质的活性炭及不溶性固体杂质,并防止因温度降低而在滤纸上析出结晶。为了保持滤液的温度,使过滤操作尽快完成,一是选用短颈粗径的玻璃漏斗,二是使用折叠式滤纸(菊花形滤纸)[1]。

过滤前,要把漏斗在烘箱中预先预热,待过滤时取出放置在铁圈上,在漏斗中放一折叠滤纸,滤纸向外突出的棱边需紧贴漏斗内壁,然后用少量热溶剂润湿,漏斗下用锥形瓶接收。若液体量较少,可用如图 3-37(a)所示装置;液量较多,可用如图 3-37(b)所示装置,即具有热滤漏斗的过滤装置(若溶剂是水,热滤时可继续加热;如用易燃有机溶剂,在热滤前务必将火熄灭)。过滤时,漏斗上可盖上表面皿,以减少溶剂的挥发。过滤完毕,用少量热溶剂冲洗滤纸。若滤纸上析出的结晶较多,可小心地将结晶收集,用少量溶剂溶解后再过滤。

5. 析出晶体 将滤液在冷水浴中迅速冷却并剧烈搅动时,可得颗粒很小的结晶。小晶体包含杂质较少,但表面积大,吸附于表面的杂质较多。若希望得到较大而又均匀的颗粒,可以室温或保温下静置使其缓慢冷却,这样得到的晶体通常比较纯净。

若滤液充分冷却后仍不结晶,可采用以下方法:①用玻璃棒摩擦容器内壁形成粗糙面;②加入少量该溶质的结晶(晶种)于滤液中。

有时被提纯化合物在析晶时呈油状物,虽然该油状物经长时间静置或足够冷却后也可固化,但这样的固体往往含有较多的杂质(杂质在油状物中的溶解度比在溶剂中大;析出的固体中还包含一部分母液),纯度不高。这时可将析出油状物的溶液重新加热溶解,然后慢慢冷却。当油状物析出时便剧烈搅拌混合物,使油状物在均匀分散的状况下固化。但最好是重新选择溶剂,使其得到结晶产物。

6. 收集和洗涤晶体 多采用抽气过滤(抽滤,也称减压过滤)的方法。常使用由布氏漏斗、抽滤瓶、安全瓶、水泵组成的抽滤装置,如图 3-38 所示。

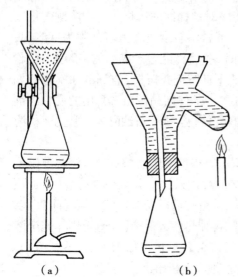

（a）   （b）

图 3-37 热滤装置

（1）贴紧滤纸：将直径略小于漏斗内径的圆形滤纸置于布氏漏斗中，用同一溶剂将滤纸润湿，打开水泵，关闭安全瓶上的活塞，抽气，使滤纸紧贴在漏斗底部。

（2）抽气过滤：借助玻璃棒，将要过滤的混合物分批倒入布氏漏斗中，黏于容器壁上的少量晶体可用滤液（又称母液）洗出，继续抽吸直至晶体干燥，可用干净、干燥的瓶塞按压晶体，挤出液体。关闭水泵前，应先将安全瓶的活塞打开，避免引起倒吸。

（3）洗涤结晶：为了除去结晶表面的母液，应洗涤结晶。洗涤的过程是先打开安全瓶的活塞，在结晶上加入少量溶剂（3~5mL），可用玻璃棒小心搅动，待晶体均匀润湿后，关闭活塞，抽去溶剂。重复操作 2~3 次，可将结晶表面吸附的杂质洗净。

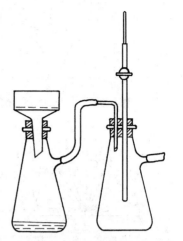

图 3-38　带安全瓶的减压过滤装置

（4）转移晶体：取出晶体时，用玻璃棒掀起滤纸的一角，取下滤纸，连同晶体放在称量纸上，或倒置漏斗，手握空拳使漏斗颈在拳内，用嘴吹下。用玻璃棒或刮刀取下滤纸上的晶体，但要避免刮下纸屑。检查漏斗，如漏斗内有晶体，则尽量转移出。如盛放晶体的称量纸有点湿，则用滤纸压在上面吸干，或转移到两张滤纸中间压干。如称量纸很湿，则重新过滤，抽吸干燥。

7. 干燥结晶和纯度检查　经抽滤洗涤后的晶体，表面上还有少量的溶剂，因此应选用适当方法进行干燥。固体干燥方法很多，常用空气晾干或红外灯烘干。对易吸潮或受热易分解的，可放在真空恒温干燥箱或冻干机中干燥。干燥后应立即储存在干燥器中。晶体的纯度可用高效液相、薄层层析、熔点测定等方法检查。

8. 实验内容　用水重结晶乙酰苯胺，具体步骤如下。

（1）称取 2g 粗乙酰苯胺，放在 150mL 锥形瓶中，加入 70mL 蒸馏水。

（2）小火加热至沸腾[2]，直至乙酰苯胺溶解。若不溶解，可适当加入少量热水，搅拌并加热至接近沸腾使乙酰苯胺溶解（总量小于 90mL）。

（3）稍冷后，在溶液中加入适量活性炭（0~1g），盖上表面皿，煮沸 5~10 分钟。

（4）用折叠式滤纸趁热过滤。

（5）滤液静置冷却析晶。

（6）结晶析出完全后，减压过滤，用玻璃塞挤压晶体，继续抽滤，尽量除去母液，然后进行晶体的洗涤。

（7）取出晶体，放在表面皿上，置于烘箱中干燥（控制温度在 100℃ 以下）。

（8）称量，测定熔点，计算回收率。

完成本实验预计需要 2~3 小时。

四、注解和实验指导

［1］折叠式滤纸的折叠顺序：折叠式滤纸能提供较大的过滤表面，使过滤加快，同时可减少结晶在滤纸上析出。其折叠顺序如图 3-39 所示。

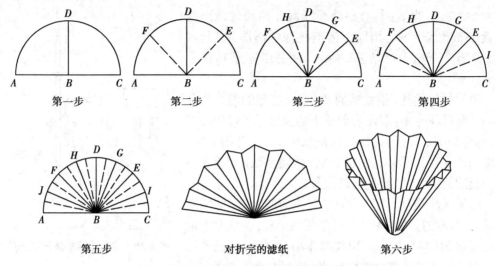

图3-39 折叠式滤纸的折叠顺序

（1）将圆形滤纸对折后再对折，得折痕 AB、BC、BD。

（2）在 BC 与 BD 间对折出 BE，在 AB 与 BD 间对折出 BF。

（3）在 BC 与 BF 间对折出 BG，在 AB 与 BE 间对折出 BH。

（4）在 BC 与 BE 间对折出 BI，在 AB 与 BF 间对折出 BJ。

（5）在相邻两折痕间（如 BC 与 BI 间，BI 与 BE 间……BJ 与 AB 间）都按反方向对折一次。

（6）拉开双层即得菊花形滤纸。

［2］加热时火不能太大，以免水分蒸发过多。

五、医药用途

由于重结晶过程成本低、设备简单、操作方便，因此在药物制备中应用非常广泛。许多抗生素、维生素、氨基酸等都是通过多次重结晶来提高纯度。并且结晶后的药品更加稳定，便于存储和运输，有助于保证药品的质量安全。

六、思考题

1. 重结晶一般包括哪几个步骤？其目的是什么？

2. 加入活性炭脱色时，为什么要待固体物质完全溶解？可否沸腾加入？

（魏红玉）

实验十二 升 华

Experiment 12 Sublimation

一、实验目的

1. 掌握升华的原理和操作技术。

2. 掌握利用升华分离提纯物质的方法。

3. 初步了解减压升华的原理和操作。

二、实验原理

升华是指固体加热时不经过液态而直接变为气态,蒸气受到冷却后又直接冷凝为固体的过程。利用升华法可除去不挥发杂质,或分离不同挥发度的固体混合物。

使用升华法提纯需要满足两个条件:

(1)被纯化物要有较高的蒸气压(高于2.666kPa,即20mmHg)。

(2)固体中杂质的蒸气压应与被纯化物的蒸气压有明显的差异。

常压下其蒸气压不高或受热易分解的物质,常用减压升华的方法进行提纯。其优点是纯化后的物质纯度比较高,但操作时间长,损失较大。实验室里一般用于较少量(1~2g)固体的纯化。

为了深入了解升华的原理,首先应研究固、液、气三相平衡(图3-40)。曲线ST表示固相与气相平衡时固体的蒸气压曲线。TW是液相与气相平衡时液体的蒸气压曲线。TV表示固相、液相两相平衡时的温度和压力,它指出了压力对熔点的影响。三曲线相交点为三相点(T),在T点,固、液、气三相可同时并存。固相的蒸气压和固相表面所受压力相等时的温度,称为该物质的升华点。

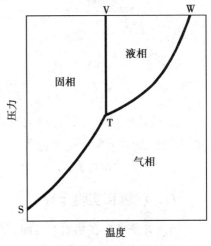

图3-40　物质三相平衡图

樟脑、蒽醌、硫黄等在三相点以下蒸气压较高的固体可以在固、气两相的三相点温度以下进行升华。若升高温度,固相不经过液态直接转变成气相;若降低温度,气相也不经过液态直接转变成固相。萘等在三相点时的平衡蒸气压较低的固态物质使用一般升华方法不能得到满意的结果,若加热至熔点以上,使其具有较高蒸气压,同时通入空气或惰性气体,就可以降低萘的分压、加速蒸发,还可以避免过热现象。

三、仪器与试剂

【仪器】玻璃漏斗,瓷蒸发皿,表面皿,石棉网,烧杯,泥三角,滤纸,酒精灯,棉花。

【试剂】硫黄、樟脑或萘与氯化钠的混合物。

四、实验步骤

1. 常压升华　图3-41(a)是常压下常用的简易升华装置。将待升华的样品研碎[1]后放入瓷蒸发皿中,上面盖一张刺有许多小孔[2]的滤纸,取一个直径略小于蒸发皿的玻璃漏斗倒置在滤纸上面作为冷凝面[3],漏斗颈用棉花轻塞,防止蒸气逸出。下面用电热套、沙浴等热源缓慢加热[4-5],待升华的样品的蒸气通过滤纸孔上升,冷却后凝结在滤纸上或漏斗的冷凝面上。必要时,漏斗壁可以用湿滤纸冷却。升华结束时,先移去热源,待蒸发皿冷却后,小心拿下漏斗,轻轻揭开滤纸,将凝结在滤纸正反两面的晶体刮到干净表面皿上。

图3-41(b)可用于较大量物质的升华。把待升华的样品放入烧杯内,用通水冷却的

圆底烧瓶作为冷凝面,使升华的蒸气在烧瓶底部凝结成晶体并附着在瓶底上。

2. 减压升华   图 3-41(c)是减压升华的装置。把欲升华的物质(升华前要充分干燥)放在吸滤管内,吸滤管上装有指形冷凝管,内通冷却水,通常用油浴加热,并视具体情况用油泵或水泵抽气减压,使升华的物质冷凝于指形冷凝管的外壁上。升华结束后应慢慢使体系接通大气,以免空气突然冲入而把冷凝指上的晶体吹落。取出冷凝指时也要小心轻拿。

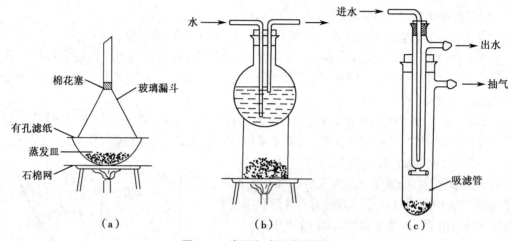

图 3-41   常压和减压升华装置

3. 硫黄的提纯   将 1g 硫黄研碎后放入瓷蒸发皿中,如图 3-41(a)所示装好漏斗,热水浴加热,硫黄升华产生无色蒸气。升华结束后收集结晶,称重,计算产率。

完成本实验预计需要 1 小时。

五、注解和实验指导

〔1〕升华发生在物质的表面,待升华的样品应研磨得很细。

〔2〕刺孔向上,以避免升华上来的物质再落到蒸发皿内。

〔3〕升华面到冷却面的距离必须尽可能短,以便获得快的升华速度。

〔4〕蒸发皿与石棉网之间宜隔开几毫米。

〔5〕提高升华温度可以使升华加快,但会使产物晶体变小,产物纯度下降。注意在任何情况下,升华温度均应低于物质的熔点。

六、医药用途

升华是提纯固体药物常用的方法之一,可用于天然药物的提取分离、生物制药及化学制药的制备纯化过程。

七、思考题

1. 升华有何优缺点? 固体有机物是否均可用升华方法纯化?

2. 升华装置中,为什么要在蒸发皿上覆盖刺有小孔的滤纸? 漏斗颈为什么塞棉花?

(王小华)

第五节　色谱分离技术

实验十三　柱　色　谱
Experiment 13　Column Chromatography

一、实验目的

1. 了解色谱原理，掌握吸附色谱、分配色谱的区别及应用范围。
2. 掌握柱色谱的操作，学会应用柱色谱分离简单混合成分。

二、实验原理

色谱又称层析，其原理是不同物质的理化性质（吸附能力、溶解能力）不同，利用它们在两相（固定相和流动相）中分布的差异，使各物质以不同速度进行流动，从而达到分离的目的。顾名思义，柱色谱就是使用柱子的色谱，根据分离原理和方法主要分为吸附柱色谱和分配柱色谱。

其中，吸附柱色谱属于液 - 固色谱，是利用吸附剂（adsorbent）［又称为固定相（stationary phase）］对不同物质的吸附能力的差异，使待分离样品中各组分达到分离；分配柱色谱属于液 - 液色谱，是通过不同物质在固定相和流动相之间的分配系数差异，将待分离样品中的各个化合物分离。吸附柱色谱常用氧化铝和硅胶作固定相；分配柱色谱多以硅藻土和纤维素等惰性物质上的活性液体作为固定相，硅藻土和纤维素等本身无分离作用；一般极性较小的成分常选择吸附柱色谱，极性较大的物质多使用分配柱色谱。

本实验主要讨论吸附柱色谱。吸附柱色谱的装置如图 3-42 所示。吸附柱色谱通常在玻璃管中填入表面积很大、经过活化的多孔状或粉状固体吸附剂。将待分离的样品溶液加入色谱柱上端后，各种成分被吸附在柱的上端，选择适当极性的溶剂作为流动相，以一定速度通过色谱柱进行洗脱（elution）。待分离的样品随着流动相通过色谱柱，在固定相上反复吸附→解吸→再吸附→再解吸。

由于待分离的样品中各种成分在固定相上吸附能力不同，与固定相吸附作用弱的成分在色谱柱内的移动速度较快，与固定相吸附作用强的组分在柱内的移动速度慢。经过一段时间的洗脱，不同组分在色谱柱上可以形成多条高度不同的色带。这些色带从上到下对应与固定相的吸附能力从强到弱（图 3-43，A、B、C 三条色带），而依次流出色谱柱（吸附力弱的先流出），从而达到分离混合样品的目的。

影响吸附柱色谱的因素主要有如下。

1. 吸附剂　常用的吸附剂有硅胶、氧化铝、氧化镁、碳酸

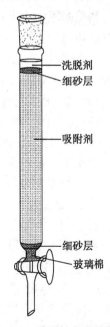

洗脱剂
细砂层

吸附剂

细砂层
玻璃棉

图 3-42　吸附柱色谱的装置

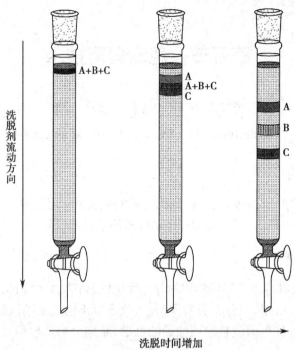

图 3-43   色层的展开

钙和活性炭等,最常用的是硅胶。吸附剂粒径越小,整个色谱柱固定相的表面积越大,分离效能越高,但同时洗脱剂流速越慢,洗脱时间越长。实际工作中常需要兼顾分离效能和洗脱时间。例如使用粒径较小的硅胶,并对色谱柱加压以增加洗脱速度。

2. 样品成分的极性与吸附能力   吸附剂对物质的吸附能力与物质本身的极性呈正相关,物质分子的极性越大,吸附剂对它的吸附能力就越强。例如,氧化铝对各种不同类型的物质的吸附能力:酸和碱 > 醇、胺、硫醇 > 酯、醛、酮 > 芳香族化合物 > 卤代物 > 醚 > 烯 > 饱和烃。

3. 洗脱剂   洗脱剂的选择决定能否分离到纯度较高的物质,通常需要根据待分离组分的极性来选择。色谱柱洗脱时可先使用极性较小的溶剂,分离最易被固定相脱附的物质,然后逐渐增加洗脱剂的极性,使不同化合物根据极性从小到大的顺序从色谱柱中洗脱出。

常用洗脱剂的极性顺序:石油醚 < 环己烷 < 二氯甲烷 < 乙酸乙酯 < 丙酮 < 乙腈 < 甲醇 < 水。更多溶剂的相对极性值可查阅附录 4。

实验中洗脱剂多采用两种或以上的溶剂混合使用,比单一溶剂有着更好的分离效果。常用的混合体系:石油醚 / 乙酸乙酯,二氯甲烷 / 甲醇,石油醚 / 丙酮,二氯甲烷 / 乙酸乙酯,二氯甲烷 / 丙酮等。

4. 装柱与加样   色谱柱的尺寸应根据待分离样品的复杂程度(组分的数量)决定:合成产物的分离因其组分较少,可采用较短而粗的色谱柱;天然产物因其组分较多,选择较长而细的色谱柱。市售的色谱柱径高比一般为 1 : 10~1 : 5;色谱柱吸附剂用量应为待分离样品质量的 30~40 倍,部分天然产物分离难度较高,可以增加到 100 倍。如待分离目标物质与杂质的比移值相差较大,可以相应减少吸附剂的使用,选择更小尺寸的色谱柱;如果待分离物质与杂质的比移值相差较小,则需要增加吸附剂的使用,选择更大尺寸的色谱柱。

（1）吸附剂的装填：有干法装填和湿法装填两种。

1）干法装填：将吸附剂一次加入色谱柱，振动管壁使其均匀下沉，然后沿管壁缓缓加入洗脱剂；若色谱柱本身不带活塞，可在色谱柱下端出口处连接活塞，加入适量的洗脱剂，旋开活塞使洗脱剂缓缓滴出，然后自管顶缓缓加入吸附剂，使其均匀地润湿下沉，在管内形成松紧适度的吸附层。操作过程中应保持有充分的洗脱剂留在吸附层的上面。

2）湿法装填：将吸附剂与洗脱剂混合，搅拌除去空气泡，缓慢倾入色谱柱中，然后加入洗脱剂，将附着在管壁的吸附剂洗下，使色谱柱面平整。从填充的均匀度上考虑，通常采用湿法装填方式。

（2）加样：也分干法加样和湿法加样两种。

1）干法加样：先用易挥发溶剂将待分离样品溶解，再加入少量吸附剂，使样品与吸附剂充分混合，挥干溶剂后即可将含有样品的吸附剂加至色谱柱顶端的吸附剂上。

2）湿法加样：用少量初始洗脱剂溶解样品后滴加至色谱柱顶端吸附剂上。

干法加样操作较复杂，但进行洗脱时色带边缘较平整，不同组分色带区分明显；湿法加样较简便，但不易被顶端吸附剂完全吸附，有时初始洗脱剂无法完全溶解样品或需要大量洗脱剂溶解，降低了分离效果。

5. 分离模式　主要包括常压分离、加压分离和减压分离3种模式。常压分离最简单，但是洗脱时间长。加压分离通过使用压缩空气、双连球或者小气泵给色谱柱提供一定气压，可以加快洗脱剂的流动速度，缩短样品的洗脱时间，是一种比较好的方法。减压分离是用真空泵给色谱柱抽气，可以把吸附剂抽得比较密实，提高了分离效果，但是会有大量空气通过吸附剂，使洗脱剂挥发较多，有时在柱子外面会有水汽凝结。

图3-44是几种常用的色谱柱，其中(a)、(b)、(c)既可用于常压分离也可用于加压分离，(d)用于减压分离。

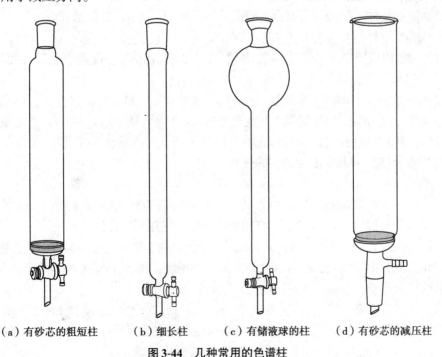

　（a）有砂芯的粗短柱　　（b）细长柱　　（c）有储液球的柱　　（d）有砂芯的减压柱

图3-44　几种常用的色谱柱

三、仪器与试剂

【仪器】分析天平，漏斗，研钵，滤纸，玻璃棒，滴管，脱脂棉，药匙，铁架台，铁圈，分液漏斗，量筒，锥形瓶，烧杯，色谱柱，试管，茄形瓶，旋转蒸发仪、循环水式真空泵。

【试剂】新鲜菠菜叶，石英砂，中性氧化铝（80~100 目及 100~200 目），蒸馏水，丙酮，石油醚，95% 乙醇，无水硫酸钠，氢氧化钠，荧光黄，亚甲蓝，甲基橙。

四、实验步骤

（一）荧光黄 - 亚甲蓝混合染料的分离

1. 装柱

（1）取一根干燥清洁的色谱柱（ϕ 约 0.5cm，有效长度约 15cm），将少量脱脂棉滑入色谱柱底部，用细长玻璃管紧压棉球，使其在色谱柱底端压平、压实。

（2）量取约 10mL 95% 乙醇注入色谱柱内，色谱柱顶端放置干燥漏斗，通过漏斗缓慢加入 100~200 目中性氧化铝至柱高约 2/3 停止。用滴管加入 95% 乙醇，将附于玻璃壁上的氧化铝粉末冲下。

（3）待氧化铝完全沉降后，再加入约 5mm 高的石英砂，用小玻璃棒将石英砂在氧化铝层的顶端堆平，防止加入溶剂时破坏氧化铝层顶端的平整。打开活塞，让 95% 乙醇缓缓滴下，至柱内液面刚好降至柱上端石英砂层时，关闭活塞。

2. 样品配制及加样

（1）称取 50mg 荧光黄、50mg 亚甲蓝混合溶解于 5mL 的 95% 乙醇中，得到荧光黄 - 亚甲蓝乙醇溶液。

（2）用滴管向色谱柱内加入荧光黄 - 亚甲蓝乙醇溶液 2~3 滴。打开色谱柱底端活塞，滴出数滴液体使加入的染料恰好全部吸附在氧化铝层的上端，关闭活塞。

3. 洗脱、分离

（1）向柱内缓缓加入 1mL 95% 乙醇，打开活塞，待乙醇下降至与石英砂层相切，再加入较多的 95% 乙醇开始分离。

（2）随着 95% 乙醇的不断洗脱，色谱柱内从上到下明显分出黄绿色、蓝色两条色带。继续用 95% 乙醇洗脱，至收集到所有蓝色色带，该色带为亚甲蓝。待 95% 乙醇洗脱至与石英砂层相切时，换用蒸馏水作为洗脱剂，至收集到所有黄绿色色带，该色带为荧光黄。

（二）亚甲蓝 - 甲基橙混合染料的分离

1. 装柱

（1）取一根干燥清洁的色谱柱（ϕ 约 0.5cm，有效长度约 15cm），将少量脱脂棉滑入色谱柱底部，用细长玻璃管紧压棉球，使其在色谱柱底端压平、压实。

（2）量取约 10mL 95% 乙醇注入色谱柱内，色谱柱顶端放置干燥漏斗，通过漏斗缓慢加入 100~200 目中性氧化铝至柱高约 2/3 停止。用滴管加入 95% 乙醇，将附于玻璃壁上的氧化铝粉末冲下。

（3）待氧化铝完全沉降后，再加入约 5mm 高的石英砂，用小玻璃棒将石英砂在氧化铝层的顶端堆平，防止加入溶剂时破坏氧化铝层顶端的平整。打开活塞，让 95% 乙醇缓缓滴下，至柱内液面刚好降至柱上端石英砂层时，关闭活塞。

2. 样品配制及加样

（1）称取约 50mg 亚甲蓝、50mg 甲基橙混合溶解于 5mL 的 95% 乙醇中，得到亚甲蓝 - 甲基橙乙醇溶液。

（2）用滴管向色谱柱内加入亚甲蓝 - 甲基橙乙醇溶液 2~3 滴。打开色谱柱底端活塞，滴出数滴液体使加入的染料恰好全部吸附在氧化铝层的上端，关闭活塞。

3. 洗脱、分离

（1）向柱内缓缓加入 1mL 95% 乙醇，打开活塞，待乙醇下降至与石英砂层相切，再加入较多的 95% 乙醇开始分离。

（2）随着 95% 乙醇的不断洗脱，色谱柱从上到下内明显分出橙黄色、蓝色两条色带。继续用 95% 乙醇洗脱，至收集到所有蓝色色带，该色带为亚甲蓝。待 95% 乙醇洗脱至与石英砂层相切时，换用 $50g \cdot L^{-1}$ 氢氧化钠液作洗脱剂，至收集到所有橙黄色色带，该色带为甲基橙。

完成本实验预计需要 3~4 小时。

（三）菠菜叶色素的分离

见实验三十七。

五、医药用途

柱色谱是药物制备中最常用的分离手段之一，广泛应用于天然药物的提取分离、生物制药及化学制药的制备纯化过程。

六、思考题

1. 为什么极性较大的组分要用极性较大的溶剂洗脱？
2. 在柱色谱操作中，要使样品分离效果好，应注意什么？

（葛　利）

实验十四　薄　层　色　谱
Experiment 14　Thin Layer Chromatography

一、实验目的

1. 掌握薄层色谱的一般操作和定性鉴定方法。
2. 了解薄层色谱的基本原理。

二、实验原理

薄层色谱（thin layer chromatography，TLC）是快速分离和定性分析微量物质的一种极为重要的实验技术，具有设备简单、操作方便而快速的特点。它是将固定相均匀地铺在载玻片上制成薄层板，将样品溶液点加在起点处，置于层析容器中并用合适的溶剂展开而达到分离的目的。用此法分离时几乎不受温度的影响，可采用腐蚀性显色剂，而且可在高温下显色。

薄层色谱有多种重要用途。

（1）跟踪有机反应或监测有机反应完成的程度。

（2）摸索柱色谱洗脱条件及监控柱色谱分离。

（3）判断两个化合物是否为同一物质。

（4）判断化合物的纯度。

（5）分离少量混合物不一定需要柱色谱，可直接用大块的薄层板分离。

薄层色谱按分离机制不同可分为吸附色谱、分配色谱、离子交换色谱等，在此主要讨论常用的吸附薄层色谱。它是利用被分离物质在吸附剂上吸附能力的不同，用展开剂洗脱使组分分离。常用的吸附剂有硅胶、氧化铝、聚酰胺等有吸附活性的物质。样品在薄层板上经过连续、反复的被吸附剂吸附及被展开剂解吸附的过程，由于不同的物质被吸附剂吸附的能力及被展开剂解吸附的能力不同，故在薄层上以不同速度移动而得以分离。

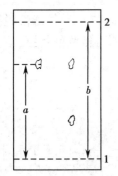

图 3-45 R_f 值计算示意图

1—基线；2—展开剂前沿；a—基线至展开斑点中心的距离；b—基线至展开剂前沿的距离。

通常用比移值（R_f）表示物质移动的相对距离（图 3-45）：

$$R_f = \frac{\text{基线至展开斑点中心的距离}}{\text{基线至展开剂前沿的距离}}$$

物质的比移值随化合物的结构、吸附剂、展开剂等不同而异。实验中常通过调整展开剂构成和比例，使比移值在 0.2~0.8 之间为宜。

斑点的显示常需要借助紫外线灯或显色剂，显色剂既有广谱的也有特定官能团专用的（附录1）。

三、仪器与试剂

【仪器】展开槽，载玻片（150mm×30mm），研钵，干燥器，电吹风，喷雾器，毛细管，移液管。

【试剂】硅胶 G，氧化铝（色谱用），羧甲基纤维素钠（5g·L⁻¹），茚三酮，组氨酸，苏氨酸，甲硫氨酸，异亮氨酸，甲基橙，荧光黄，硫酸阿托品，硝酸士的宁，碱式硝酸铋，碘化钾，冰乙酸，正丁醇，乙醇，甲醇（95%），吡啶，丁酮，氯仿，芸香苷，乙酸乙酯，丙酮，甲酸。

四、实验步骤

（一）氨基酸的薄层色谱

1. 薄层板的制备和活化（湿法制硬板） 取硅胶 G 1.5g 置于研钵中，加入 5g·L⁻¹ 羧甲基纤维素钠溶液 4~6mL，研调成均匀糊状后，立即倾于洁净载玻片上，用手左右摇晃，使糊状物迅速铺平，布满整块载玻片[1]。将薄层板放于桌面上晾干后，置于 105~110℃ 烘箱中烘 30 分钟活化，然后放在干燥器内保存备用。

2. 样品、展开剂和显色剂的配制 样品：组氨酸、苏氨酸、甲硫氨酸、异亮氨酸分别配成 5g·L⁻¹ 水溶液，以及任两种上述氨基酸水溶液的等量混合液。

展开剂：正丁醇：乙酸：水 =4：1：1（体积比，下同），或丁酮：吡啶：水：乙酸 =

70∶15∶15∶2。

　　显色剂：0.3g茚三酮溶于100mL 95%乙醇。

　　3. 点样　在距薄层板一端1~1.5cm处用铅笔轻轻画一条直线，作为基线。用毛细管（内径小于1mm且管口要平整）吸取样品溶液，垂直地轻轻点在基线上。若溶液浓度太稀，可重复多次点样，再次点样时应等斑点晾干后点在同一圆心上，一般重复2~3次。点样后斑点直径一般不大于4mm。若点样太少，有些成分不易显示出来；若点样太多，易造成斑点过大，相互交叉或拖尾，不能得到很好的分离效果。在同一块薄层板上可多处点样，点样间距一般不小于8mm。

　　在两块薄层板上分别点上述四种氨基酸溶液，以及任两种混合样品。

　　4. 展开　先在展开槽中放入展开剂，加盖使槽内蒸气饱和10分钟，再将薄层板斜靠于展开槽内壁，点样端接触展开剂但基线必须在展开剂液面之上，密闭展开槽，见图3-46（a）。待展开剂前沿达到规定的展距，取出薄层板，用铅笔画出前沿线位置，晾干或用电吹风吹干薄层。

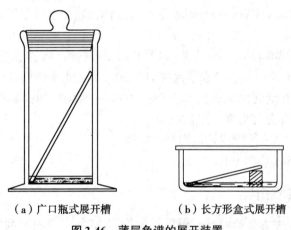

（a）广口瓶式展开槽　　　　　（b）长方形盒式展开槽

图3-46　薄层色谱的展开装置

　　5. 显色　用喷雾方式将茚三酮乙醇溶液均匀地喷在薄层上，再用电吹风热风吹（或置于105℃烘箱中）至色斑出现为止，用铅笔画出各色斑最高浓度的中心位置。

　　量出每个色斑最高浓度中心至原点中心的距离，计算每个氨基酸的R_f值。再与混合样点R_f值比较，判断出混合样点由哪些氨基酸组成。

　　（二）色素的薄层色谱

　　将甲基橙、荧光黄分别配成1%乙醇溶液。甲基橙用乙酸乙酯∶乙醇=2∶1作为展开剂；荧光黄用正己烷∶乙酸乙酯=1∶1作为展开剂，按步骤（一）中氨基酸的薄层色谱方法进行薄层色谱。

　　由于样品具有颜色，故不用显色剂，晾干后可直接量出每个色斑最高浓度中心至原点中心的距离，并分别计算各色斑的R_f值。

　　（三）芸香苷的薄层色谱

　　样品为槐米乙醇提取浓缩液（含有芸香苷）、芸香苷1%乙醇溶液。以乙酸乙酯6mL、丙酮2mL、甲酸0.5mL、水1mL的混合溶液为展开剂，按步骤（一）中氨基酸的薄层色谱方法进行薄层色谱。在254nm紫外线灯下观察色斑情况，与已知芸香苷色斑比较并计算

R_f 值。

（四）生物碱的薄层色谱

1. 薄层板的制备（干法制软板） 取干净载玻片放在水平面上，将色谱用氧化铝[2]撒在玻片的一端。另取比玻片宽度稍长的玻璃管两头套上橡皮圈（厚度 0.25~1mm），将玻璃管压在玻片上用力均匀地往另一端推动，使铺成一均匀的薄层。

2. 样品、展开剂和显色剂的配制 样品：硫酸阿托品、硝酸士的宁分别配成 1% 甲醇溶液及其甲醇溶液的等量混合液。

展开剂：氯仿：甲醇 =50：1。

显色剂：改良碘化铋钾试剂。配制方法如下：①溶液Ⅰ：碱式硝酸铋 0.85g 溶于冰乙酸 10mL 和水 40mL。②溶液Ⅱ：碘化钾 0.8g 溶于水 20mL。

储存液：溶液Ⅰ和Ⅱ等量混合（置棕色瓶中可长期保存）。

显色时将储存液 1mL 与冰乙酸 2mL 和水 10mL 混合，用前配制。

3. 点样 将样品用毛细管分别点在氧化铝板一端距边沿 1cm 处，点样间隔 1~1.5cm，斑点扩散成直径 1~2mm 为宜。点样时使毛细管液体轻轻接触薄层即可，切勿点样过重致使薄层破坏。

4. 展开 在展开槽内加入展开剂，加盖饱和 10 分钟。将薄层板样点一端浸入展开剂约 0.5cm，调节支架使薄层板与水平面成 10°~20°，以近水平式展开，见图 3-46（b）。

5. 显色 待展开剂前沿距薄层板上端约 1cm 时，取出，用铅笔画出前沿位置，立即喷淋显色剂[3]，放置几分钟后即可显出色斑。

根据斑点的 R_f 值及颜色差别，鉴别混合样品。

完成本实验预计需要 3 小时。

五、注解和实验指导

［1］薄层适宜厚度为 0.25~1mm，厚度尽量均匀，否则展开时溶剂前沿不整齐。

［2］氧化铝需先经 105℃活化 30 分钟，置于干燥器中放冷后密封于玻璃瓶中备用。

［3］展开剂氯仿和甲醇均易挥发，若展开剂挥发后再喷显色剂，则氧化铝薄层易被吹散，得不到清晰、完整的色斑。

六、医药用途

薄层色谱可用于药物的鉴别、限量检查与杂质检查。例如鉴别时，是将供试品和标准物质在同一薄层板上点样、展开、检视，供试品色谱图中所显斑点的位置和颜色（或荧光）应与标准物质色谱图的斑点一致。

使用薄层色谱扫描仪还可进行含量测定。

七、思考题

1. 薄层色谱的基本原理是什么？为什么可用比移值来鉴定化合物？

2. 展开时若展开剂浸泡到样点，会对实验结果产生什么影响？

（徐燕丽）

实验十五 纸 色 谱

Experiment 15 Paper Chromatography

一、实验目的

1. 掌握纸色谱法分离和鉴定氨基酸的操作方法。
2. 了解纸色谱法的基本原理。

二、实验原理

纸色谱亦称纸层析，是色谱法中的一种，分离原理属于分配色谱。它以层析滤纸作为惰性载体，以吸附在滤纸上的水作为固定相，以有机溶剂或混合溶剂作为流动相（展开剂）。将所需分离的样品点在滤纸条的一端（原点），滤纸放入一个密闭的容器（展开缸）中，样品点以下的部分浸入流动相中，利用纸纤维的毛细作用，促使流动相在滤纸上缓缓移动，这时待分离的各组分在固定相和流动相之间不断地进行分配、迁移。由于各组分在两相中的分配系数不同，迁移速度不同，从而达到分离各组分的目的。

与薄层色谱类似，样品经纸色谱分离后，可以通过比较 R_f 值（比移值）进行鉴定。R_f 值计算示意图见图 3-45。

纸色谱的应用范围比薄层色谱小得多，主要用于氨基酸、糖等大极性化合物的分析和鉴定。

三、仪器与试剂

【仪器】层析缸（筒），层析滤纸（12cm×2cm），电吹风，剪刀，铅笔，镊子，直尺，点样毛细管。

【试剂】展开剂：正丁醇∶水∶乙酸＝4∶5∶1（体积比），取上层。

显色剂：茚三酮乙醇溶液（ $2.0g \cdot L^{-1}$ ）。

样品：甘氨酸（ $5.0g \cdot L^{-1}$ ），亮氨酸（ $5.0g \cdot L^{-1}$ ），两种氨基酸混合液。

四、实验步骤

1. 滤纸准备 用镊子取一张层析滤纸，在距离滤纸一端 1.5cm 处，按图 3-47（a）所示用铅笔轻轻画一条直线作为基线，并在横线上距离左右边缘 0.6cm 处标上 2 个点。在距离滤纸另一端约 1.0cm 处画出终点线，在终点线上端中心剪一个小孔，以便于滤纸条挂于层析缸内，在准备过程中手不能接触滤纸终点线以下的区域[1]。

2. 点样 用两根毛细管吸取氨基酸混合液样品和一个对照样品分别点在标记的位置上，晾干。点样时，应使毛细管口与滤纸垂直并轻轻接触点样处，样品点直径一般在 0.3cm 以内[2]。

3. 展开 向层析缸中加入适量展开剂，加盖使其在层析缸中形成饱和蒸气，然后将滤纸垂直悬挂其中，如图 3-47（b）所示展开[3]。当展开剂前沿上升至终点线附近时，取出滤纸，立即用铅笔记下溶剂前沿的位置。

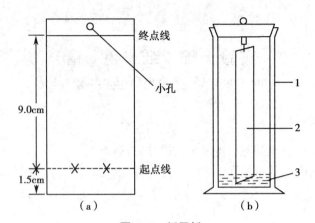

图 3-47　纸层析

（a）纸色谱滤纸条；（b）纸色谱装置。

1—层析筒；2—滤纸条；3—展开剂。

4. 显色　在滤纸表面用喷雾器均匀喷上茚三酮溶液[4]，切勿喷得过多致使斑点扩散。然后将滤纸用电吹风吹干至有紫红色斑点出现[5]。

5. 结果处理　用铅笔轻轻描出显色斑点的形状，并用直尺度量每一显色斑点中心与原点之间的距离和原点到展开剂前沿的距离，计算各色斑的 R_f 值，与对照样品氨基酸的 R_f 值对照，确定两种氨基酸斑点位置和 R_f 值。

完成本实验预计需要 4 小时。

五、注解和实验指导

［1］要避免在实验过程中手对滤纸工作区域的污染。本实验为氨基酸的鉴定，手上的汗渍或皮屑等会在滤纸上产生多余的斑点而干扰实验结果。

［2］点样斑点不能太大，防止层析后氨基酸斑点过度扩散造成相互交叉和重叠，影响分离效果。

［3］展开开始时样品点不能浸入展开剂中，即展开剂液面不超过基线。

［4］若显色剂茚三酮已提前配在展开剂中，此喷雾操作不需进行，热风吹干滤纸条后会直接显出斑点。

［5］吹风温度不宜过高，否则斑点变黄。

六、医药用途

氨基酸是生物有机体的重要组成部分，在生命体中扮演着重要的角色，同时在医药领域也有很大作用，比如作为高营养物质被用于临床的复方氨基酸药物，谷氨酸、精氨酸等氨基酸单独用于治疗肝脏、消化道、脑、心血管等疾病。

七、思考题

1. 在纸色谱时，层析缸为什么要求尽量密闭？

2. 在本实验中，哪种氨基酸的 R_f 值大，为什么？

（职国娟）

第四章　有机化合物的性质

第一节　有机化合物官能团的鉴定

实验十六　卤代烃、醇、酚、醛、酮、羧酸、取代羧酸、胺和生物碱的鉴定

Experiment 16　Identification of Alkyl Halides, Alcohols, Phenols, Aldehydes, Ketones, Carboxylic Acides, Substituted Carboxylic Acides, Amines, and Alkaloides

一、实验目的

掌握卤代烃、醇、酚、醛、酮、羧酸（如甲酸、草酸）、取代羧酸（如乙酰乙酸乙酯）、胺和生物碱的重要化学性质及其化学鉴别方法。

二、实验原理

（一）卤代烃的鉴定

卤代烃与硝酸银溶液作用产生卤化银沉淀，通常烯丙基型（allyl type）卤代烃、叔（tertiary）卤代烃能立即反应，伯（primary）、仲（secondary）卤代烃加热后反应，芳香（aromatic）卤代烃、乙烯型（ethylene type）卤代烃等在高温时也不与硝酸银作用。

（二）醇的鉴定

含 10 个碳以下的醇与硝酸铈铵溶液作用生成红色配合物，可用来鉴别化合物中是否含有羟基。

$$(NH_4)_2Ce(NO_3)_6 + ROH \longrightarrow (NH_4)_2Ce(OR)(NO_3)_5 + HNO_3$$
$$\text{橘黄色} \qquad\qquad\qquad\qquad \text{红色}$$

伯、仲醇可被橙色的铬酸溶液氧化，溶液变为蓝绿色，叔醇不被氧化，可用于区别叔醇与伯、仲醇。

$$H_2CrO_4 + RCH_2OH \text{ 或 } R_2CHOH \xrightarrow{H_2SO_4} Cr_2(SO_4)_3 + RCOOH \text{ 或 } R_2C\!=\!O$$
$$\text{橙色} \qquad\qquad\qquad\qquad\qquad \text{蓝绿色}$$

Lucas 试剂（无水氯化锌-浓盐酸）与伯、仲、叔醇作用速率不同：叔醇与 Lucas 试剂立即反应，混浊，分层，放热；仲醇加热数分钟后变混浊、分层；伯醇加热很长时间仍不变化。由此可区别伯、仲、叔醇。6 个碳以上的醇不溶于 Lucas 试剂，不能用此方法区别。

（三）酚的鉴定

酚类与氯化铁溶液产生有色配合物。例如，苯酚（phenol）呈蓝紫色，间苯二酚呈紫色，对苯二酚呈暗绿色，α-萘酚（α-naphthol）呈紫色沉淀，β-萘酚呈绿色沉淀，可作为稳定烯醇结构的佐证。

$$6ArOH + FeCl_3 \longrightarrow [Fe(OAr)_6]_3^- + 3H^+ + 3HCl$$

酚类不仅可使溴水褪色，有的还会产生沉淀。如：

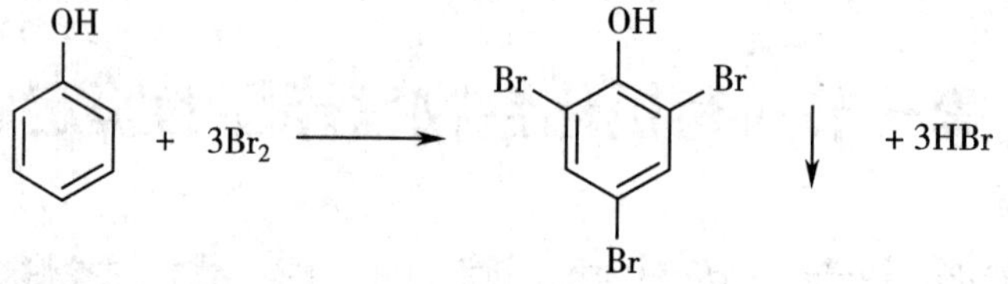

（四）醛、酮的鉴定

1. 鉴定醛、酮羰基的重要试剂是 2,4-二硝基苯肼，反应后生成黄色、橙色或橙红色的 2,4-二硝基苯腙。

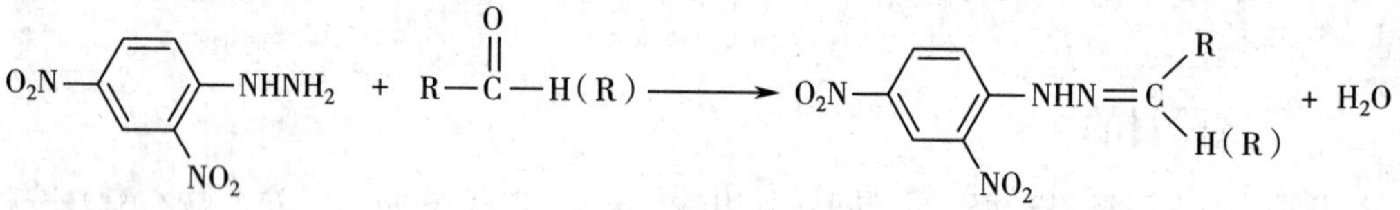

2. 弱氧化剂 Tollens 试剂可氧化醛产生银镜反应，而不能氧化酮，可用来区别醛、酮。

$$RCHO + 2[Ag(NH_3)_2]OH \longrightarrow RCOONH_4 + 2Ag\downarrow + 3NH_3 + H_2O$$

3. 碘仿反应可用来确定是否存在甲基酮、乙醛和结构如 $CH_3CH(OH)$— 的醇。这些物质与碘的碱溶液作用能产生黄色的碘仿沉淀。

$$RCOCH_3 + NaIO \longrightarrow RCOCl_3 + NaOH \longrightarrow CHI_3\downarrow + RCOONa$$

（五）羧酸（甲酸、草酸）的鉴定

1. 甲酸除了具有羧酸的性质外，还具有醛的还原性，能与 Tollens 试剂发生银镜反应，能与 Fehling 试剂反应产生砖红色沉淀，还能使高锰酸钾褪色。甲酸不与 2,4-二硝基苯肼反应。

2. 草酸除了具有一般羧酸的性质外，还具有还原性，可被高锰酸钾氧化为二氧化碳和水。草酸还与一些金属离子（如 Fe^{3+}、Ca^{2+} 等）生成配合物沉淀，其中草酸与 Ca^{2+} 生成溶解度很小的草酸钙，可用于 Ca^{2+} 的定性和定量测定。

3. 草酸还容易发生脱羧反应。

（六）取代羧酸（乙酰乙酸乙酯）的鉴定

乙酰乙酸乙酯有酮的性质，如能与 2,4-二硝基苯肼等发生亲核加成反应。乙酰乙酸乙酯分子中的甲亚基能发生酮式和烯醇式的互变，具有烯醇式的性质，能与氯化铁溶液发生显色反应等。

（七）胺的鉴定

1. Hinsberg 反应（苯磺酰氯与胺的反应）可用来鉴别不同的胺。伯胺与苯磺酰氯反应生成的苯磺酰胺有酸性氢,可溶于氢氧化钠溶液中;仲胺与苯磺酰氯反应的产物无酸性氢,不溶于氢氧化钠溶液中;叔胺不与苯磺酰氯反应。

2. 与亚硝酸作用时,脂肪族胺、芳香胺以及伯、仲、叔胺均有不同的表现。脂肪伯胺与亚硝酸反应生成的重氮盐不稳定,分解出氮气;芳香伯胺与亚硝酸反应生成的重氮盐在低温(<5℃)时稳定,当升至室温时,放出氮气;仲胺与亚硝酸反应生成黄色的 N- 亚硝基化合物;脂肪叔胺与亚硝酸反应生成铵盐,无现象;芳香叔胺与亚硝酸反应生成翠绿色的 C- 亚硝基化合物(实际先生成橘黄色的盐,加碱后变为翠绿色)。

(八)生物碱的鉴定

1. 沉淀反应　大多数生物碱在酸的水溶液或稀醇中能与某些试剂反应生成难溶于水的复盐或分子络合物,这些试剂称为生物碱沉淀试剂。常见的生物碱沉淀试剂有碘 - 碘化钾试剂、碘化铋钾试剂、碘化汞钾试剂等。

2. 显色反应　生物碱与一些试剂反应,呈现各种颜色,也可用于鉴别生物碱。例如,钒酸铵 - 浓硫酸溶液与吗啡(morphine)反应时显棕色,与可待因反应显蓝色,与莨菪碱(hyoscyamine)反应则显红色。

三、仪器与试剂

【仪器】试管,酒精灯,量筒(10mL),烧杯(250mL),冰盐浴,小塞子,三脚架。

【试剂】样品:正氯丁烷,仲氯丁烷,叔氯丁烷,正溴丁烷,溴苯,氯苄,二氧六环,乙醚,乙醇,丙醇,甘油,环己醇,正丁醇,仲丁醇,叔丁醇,苯甲醇,苯酚溶液(10g·L^{-1}),水杨酸溶液(10g·L^{-1}),间苯二酚溶液(10g·L^{-1}),对苯二酚溶液(10g·L^{-1}),乙醛,丙酮,苯乙酮,苯甲醛,丁胺,乙胺,苯胺,N-甲基苯胺,N,N-二甲基苯胺,草酸,甲酸,乙酰乙酸乙酯,麻黄盐酸溶液。

试剂[1]:硝酸银醇溶液(50g·L^{-1}),硝酸(50g·L^{-1}),硝酸铈铵溶液试剂,铬酸试剂,Lucas试剂,三氯化铁溶液(10g·L^{-1}),溴水溶液,2,4-二硝基苯肼试剂,浓氨水,氢氧化钠溶液(100g·L^{-1}),Fehling甲试剂,Fehling乙试剂,高锰酸钾试剂,10g·L^{-1}氯化钙溶液,澄清石灰水,碘-碘化钾溶液,苯磺酰氯,盐酸(6mol·L^{-1}),亚硝酸钠溶液(100g·L^{-1}),硫酸溶液(300g·L^{-1}),碘-碘化钾试剂,碘化汞钾试剂,碘化铋钾试剂,硅钨酸试剂,钒酸铵-浓硫酸溶液。

四、实验步骤

(一)卤代烃的硝酸银实验

取6支试管,分别加入1mL 50g·L^{-1}硝酸银醇溶液,各加正氯丁烷、仲氯丁烷、叔氯丁烷、正溴丁烷、溴苯、氯苄2~3滴,振荡,静置5分钟,观察有无沉淀产生(无沉淀时可加热煮沸)。加1滴50g·L^{-1}硝酸[2],观察沉淀是否溶解。

(二)醇的鉴定

1. 铬酸实验　取3支试管,分别取1滴正丁醇、仲丁醇、叔丁醇,加1mL丙酮,加1滴铬酸试剂,振荡,观察颜色变化。用空白试验对照[3]。

2. Lucas实验　取3支试管,分别取6滴正丁醇、仲丁醇、叔丁醇,加2mL Lucas试剂,振荡,观察现象。未变混浊的在水浴中加热5分钟后[4],塞住管口剧烈振荡后,静置,观察现象。

(三)酚的鉴定

1. 氯化铁实验　取4支试管,分别取10g·L^{-1}苯酚溶液、水杨酸溶液、间苯二酚溶液、对苯二酚溶液0.5mL,加10g·L^{-1}氯化铁溶液1~2滴,观察颜色变化[5]。

2. 溴化实验　取4支试管,分别取10g·L^{-1}苯酚溶液、水杨酸溶液、间苯二酚溶液、对苯二酚溶液0.5mL,逐滴加入溴水,观察颜色变化及有无沉淀产生[6]。

(四)醛和酮的鉴定

1. 2,4-二硝基苯肼实验　取3支试管,各取2mL 2,4-硝基苯肼试剂于试管中,分别加乙醛、丙酮、苯乙酮3~4滴,振荡,观察有无沉淀产生(若无沉淀产生,可稍稍加热)。

2. Tollens实验　取3支试管,各取2mL 50g·L^{-1}硝酸银溶液,逐滴加入浓氨水,至沉淀恰好溶解。分别加入乙醛、丙酮、苯甲醛2滴,振荡,观察有无银镜产生。

3. 碘仿实验　取4支试管,在试管中各加入1mL水,分别加4滴乙醛、丙酮、苯甲醛、乙醇,加几滴二氧六环使溶解,然后加100g·L^{-1}氢氧化钠溶液1mL,滴加碘-碘化钾溶液至溶液呈浅黄色,振荡,观察有无黄色沉淀产生。若无沉淀,则在温水浴中加热;若溶液变为无色,则加几滴碘 - 碘化钾溶液,再观察有无黄色沉淀。

(五)羧酸(甲酸、草酸)的鉴定

1. 甲酸的鉴定　取 1 支试管,取 2mL 50g·L⁻¹ 硝酸银溶液,逐滴加入浓氨水,至沉淀恰好溶解。加入 1mL 甲酸,摇匀,沸水浴加热几分钟,观察是否有银镜产生。

取 1 支试管,加入 2mL Fehling 甲试剂、2mL Fehling 乙试剂,摇匀。加入 1mL 甲酸,摇匀,沸水浴加热几分钟,观察是否有砖红色沉淀产生。

取 1 支试管,加入 2 滴高锰酸钾溶液,然后逐滴加入甲酸并振荡,观察颜色的变化。

2. 草酸的鉴定　取 1 支试管,加入 2 滴高锰酸钾溶液,然后逐滴加入草酸并振荡,观察颜色的变化。

取 1 支试管,加入 2mL 草酸,滴加几滴 10g·L⁻¹ 氯化钙溶液,观察是否有沉淀产生。

取 0.5g 草酸装入一支带导管的干燥试管中,导管的另一端插入盛有饱和澄清石灰水的试管中,将盛有草酸的试管加热(试管口稍斜向上),观察现象。

(六)取代羧酸(乙酰乙酸乙酯)的鉴定

取 1 支试管,分别加 1mL 水和 3 滴乙酰乙酸乙酯于试管中,滴加 2,4- 硝基苯肼试剂 3~4 滴,振荡,观察有无沉淀产生。

取 1 支试管,分别加 1mL 乙醇和 3 滴乙酰乙酸乙酯试剂于试管中,滴加 2 滴三氯化铁溶液,观察溶液颜色的变化。

(七)胺的鉴定

Hinsberg 实验:取 3 支试管,塞好塞子。在试管中分别加入 0.5mL 苯胺、N- 甲基苯胺、N,N- 二甲基苯胺液体,各取 2.5mL 100g·L⁻¹ 氢氧化钠溶液和 0.5mL 苯磺酰氯,塞好塞子,用力振摇 5 分钟。用手触摸试管,确定是否发热。取下塞子,在水浴中温热 1 分钟(至无苯磺酰氯气味),冷却后用 pH 试纸检验溶液是否为碱性,如不为碱性,加几滴氢氧化钠溶液至碱性。观察有无沉淀产生,加水 5mL 稀释[7],观察沉淀是否溶解。滴加 6mol·L⁻¹ 盐酸至呈酸性,观察有无沉淀产生。

(八)生物碱的鉴定

1. 沉淀反应　取 4 支试管,各加入 1mL 麻黄盐酸溶液,分别滴加 2~3 滴碘 - 碘化钾试剂、碘化汞钾试剂、碘化铋钾试剂、硅钨酸试剂,观察有无沉淀产生。

2. 显色反应　将一张 5cm×5cm 的滤纸浸泡在麻黄盐酸溶液,取出晾干滤纸,用喷雾器将硫酸铈 - 浓硫酸溶液喷洒到滤纸上,用烘箱在 105℃下烘干,观察颜色变化情况。

五、注解和实验指导

[1]一些试剂的配制方法如下。

硝酸铈铵试剂:取 100g 硝酸铈铵加 250mL 2mol·L⁻¹ 硝酸,加热溶解后放冷。

铬酸试剂:取 25g CrO₃ 加入 25mL 浓硫酸中,搅拌至形成均匀的浆状液,然后用 15mL 蒸馏水稀释浆状液,搅拌至形成清亮的橙色溶液。

Lucas 试剂:将无水氯化锌在蒸发皿中加强热熔融,稍冷后在干燥器中冷却至室温,取出捣碎,称取 136g 溶于 90mL 浓盐酸中,放冷后贮于玻璃瓶中,塞紧。

溴水溶液:溶解 15g 溴化钾于 100mL 水中,加入 10g 溴,振摇。

2，4- 二硝基苯肼试剂：取 2，4- 二硝基苯肼 1g，加入 7.5mL 浓硫酸，溶解后，倒入 75mL 95% 乙醇中，用水稀释至 250mL。

Fehling 甲试剂：50g 氢氧化钠和 137g 酒石酸钾钠溶于 500mL 蒸馏水中（贮于带橡皮塞的瓶中）。

Fehling 乙试剂：34.5g 结晶硫酸铜溶于 500mL 水中，加 0.5mL 硫酸，混合均匀。

碘 - 碘化钾溶液：溶解 10g 碘和 20g 碘化钾于 100mL 水中。

碘化汞钾试剂：氯化汞 1.36g 和碘化钾 5g 各溶于 20mL 水中，混合后加水稀释至 100mL。

碘化铋钾试剂：甲液：0.85g 次硝酸铋溶于 10mL 冰乙酸，加水 10mL。乙液：8g 碘化钾溶于 20mL 水中。溶液甲、乙等量混合，可作沉淀试剂用。

硅钨酸试剂：5g 硅钨酸溶于 100mL 水，加盐酸少量至 pH=2 左右。

硫酸铈 - 浓硫酸试剂：0.1g 硫酸铈混悬于 4mL 水中，加入 1g 三氯乙酸，加热至沸腾，逐滴加入浓硫酸至澄清。

［2］卤化银沉淀不溶于稀硝酸，因此，加入稀硝酸如沉淀溶解则说明不是卤化银。

［3］为证实丙酮不被氧化，作此空白试验。若出现正性结果，是由于丙酮中含有还原性杂质，应更换丙酮。

［4］低级醇沸点较低，加热温度不宜过高，以免挥发。

［5］大多数硝基酚、间位和对位羟基苯甲酸与氯化铁溶液不起颜色反应。

［6］对苯二酚产生的沉淀实为氧化产物醌和氢醌沉淀，间苯二酚的溴化物由于溶解度较大，难于沉淀，加入较多溴水时会析出沉淀。

［7］生成的苯磺酰胺钠盐有时在加水稀释后才溶解。

六、医药用途

由于化学鉴别法具有操作简便、现象明显、反应迅速、成本低廉等优点，因此在《中国药典》的药物鉴定中仍有许多应用。例如，解热镇痛药对乙酰氨基酚的鉴别：①本品的水溶液加三氯化铁试液，即呈蓝紫色。②取本品约 0.1g，加稀盐酸 5mL，置水浴中加热 40 分钟，放冷；取 0.5mL，滴加亚硝酸钠试液 5 滴，摇匀，用水 3mL 稀释后，加碱性 β- 萘酚试液 2mL，振摇，即呈红色。

显然，鉴别①是利用酚羟基显色；鉴别②是将乙酰基用酸水解，得到苯胺再发生反应。

七、思考题

1. 哪些试剂可区别醛类和酮类？

2. 化合物甲的分子式是 $C_4H_{10}O$，经氧化后得化合物乙，其分子式为 C_4H_8O。化合物乙与碘的碱性溶液作用，有碘仿产生。试写出化合物甲和化合物乙的名称和结构式。

（钟海艺）

第二节　生物体内基本有机化合物的化学性质鉴定

实验十七　糖类化合物的性质鉴定
Experiment 17　Property of Saccharide Compounds

一、实验目的

1. 验证和巩固糖类化合物的主要化学性质。
2. 掌握糖类化合物常用的鉴别方法。

二、实验原理

糖类(saccharide)又称碳水化合物(carbohydrate),是指多羟基醛或多羟基酮及其脱水缩合物。按其官能团种类可分为醛糖和酮糖;按其水解情况可分为单糖、低聚糖和多糖;按与碱性弱氧化剂的反应结果可分为还原糖和非还原糖。

一般而言,分子中含有半缩醛(酮)羟基的糖有还原性,属于还原糖;多糖及分子中没有半缩醛(酮)羟基的糖没有还原性,属于非还原糖。还原糖能被Fehling试剂、Tollens试剂、Benedict试剂等弱氧化剂氧化;还能与过量苯肼作用,生成不同晶型的糖脎等,非还原糖则不能,可借此对还原糖和非还原糖加以鉴别。

糖类化合物在强酸作用下能与酚类或芳胺缩合发生显色反应,常见的定性反应是Molisch反应,即糖在浓硫酸催化下脱水,产物进一步与 α- 萘酚作用而显紫色环。

低聚糖和多糖在酸存在的条件下,均可水解成具有还原性的单糖。如蔗糖为双糖,无还原性,但经水解可生成葡萄糖和果糖,其水解液具有还原性。

淀粉是由许多葡萄糖分子通过 α- 糖苷键聚合而成的多糖。淀粉遇碘可发生显色反应,常利用该性质对淀粉加以鉴别。

三、仪器与试剂

【仪器】试管,烧杯,酒精灯。

【试剂】Fehling试剂,Benedict试剂,$50g \cdot L^{-1}$ 硝酸银溶液,$100g \cdot L^{-1}$ 氢氧化钠溶液,$40g \cdot L^{-1}$ 氨水,$20g \cdot L^{-1}$ 葡萄糖,$20g \cdot L^{-1}$ 果糖,$20g \cdot L^{-1}$ 麦芽糖,$20g \cdot L^{-1}$ 乳糖,$20g \cdot L^{-1}$ 蔗糖,$20g \cdot L^{-1}$ 淀粉溶液,Molisch试剂,浓硫酸,浓盐酸,苯肼试剂,碘试液,石蕊试纸,$50g \cdot L^{-1}$ 氢氧化钠溶液。

四、实验步骤

(一)糖的还原性

1. 与Fehling试剂[1]反应　在6支试管中,各加入Fehling试剂A和B各0.5mL,混合均匀,并于水浴中微热后,在各试管中分别加入样品5滴,振荡,再在60~80℃热水浴中加热几分钟,注意观察颜色变化及有无沉淀析出。

样品：$20g \cdot L^{-1}$ 葡萄糖、$20g \cdot L^{-1}$ 果糖、$20g \cdot L^{-1}$ 麦芽糖、$20g \cdot L^{-1}$ 乳糖、$20g \cdot L^{-1}$ 蔗糖、$20g \cdot L^{-1}$ 淀粉。

2. 与 Benedict 试剂[2]反应　在 6 支试管中分别加入 1mL Benedict 试剂，再在各试管中分别加入样品 0.5mL，在沸水浴中加热 2~3 分钟，观察有无红色氧化亚铜沉淀析出。

样品：$20g \cdot L^{-1}$ 葡萄糖、$20g \cdot L^{-1}$ 果糖、$20g \cdot L^{-1}$ 麦芽糖、$20g \cdot L^{-1}$ 乳糖、$20g \cdot L^{-1}$ 蔗糖、$20g \cdot L^{-1}$ 淀粉。

3. 与 Tollens 试剂[3]反应　在 6 支洁净的试管中分别加入 1mL Tollens 试剂，再在各试管中分别加入样品 0.5mL，在 60~80℃热水浴中加热几分钟，观察有无银镜生成（或金属银析出）。

样品：$20g \cdot L^{-1}$ 葡萄糖、$20g \cdot L^{-1}$ 果糖、$20g \cdot L^{-1}$ 麦芽糖、$20g \cdot L^{-1}$ 乳糖、$20g \cdot L^{-1}$ 蔗糖、$20g \cdot L^{-1}$ 淀粉。

（二）糖的鉴别反应

1. 糖的颜色反应：Molisch 试验[4]（α-萘酚试验检出糖）　在 6 支试管中分别加入样品 1mL，然后分别加入 2 滴新配制的 Molisch 试剂，混匀后，将每支试管倾斜 45°，沿管壁缓缓加入 0.5~1mL 浓硫酸（勿摇动），硫酸在下层，试液在上层。若两层交界面处出现紫红色环，表示溶液含有糖类化合物；若数分钟内无紫红色环出现，可在热水浴中温热（勿摇动），再观察。

样品：$20g \cdot L^{-1}$ 葡萄糖、$20g \cdot L^{-1}$ 果糖、$20g \cdot L^{-1}$ 麦芽糖、$20g \cdot L^{-1}$ 乳糖、$20g \cdot L^{-1}$ 蔗糖、$20g \cdot L^{-1}$ 淀粉。

2. 糖脎的生成　在 4 支试管中分别加入 1mL 样品，再分别加入 0.5mL 10% 苯肼盐酸盐溶液和 0.5mL 15% 乙酸钠溶液[5]，在沸水浴中加热，并不断振摇，比较产生脎结晶的速度，记录成脎的时间。若 20 分钟后仍无结晶析出，取出试管，在室温中冷却后再观察（双糖的脎溶于热水，溶液冷却才析出沉淀）。

样品：$20g \cdot L^{-1}$ 葡萄糖、$20g \cdot L^{-1}$ 果糖、$20g \cdot L^{-1}$ 乳糖、$20g \cdot L^{-1}$ 蔗糖[6]。

3. 淀粉与碘液的显色反应　在试管中加入 $20g \cdot L^{-1}$ 淀粉溶液 5 滴，再加水 1mL，然后加 1 滴碘试液，摇匀，观察结果。将溶液加热，有什么变化？放冷后，又有什么变化？

（三）糖的水解

1. 蔗糖水解　在两支试管中各加入 $20g \cdot L^{-1}$ 蔗糖溶液 1mL，然后往第一支试管中加 3 滴浓盐酸，第二支试管中加 3 滴蒸馏水，摇匀。将两支试管同时置于沸水浴中加热 5~10 分钟，取出冷却，第一支试管加 $50g \cdot L^{-1}$ 氢氧化钠溶液中和至碱性（用石蕊试纸检测）。然后往两支试管中加入 1mL Benedict 试剂，摇匀，于沸水浴中加热 2~3 分钟，观察及比较结果，并作出解释。

2. 淀粉水解　在 100mL 烧杯中加入 $20g \cdot L^{-1}$ 淀粉溶液 3mL、浓盐酸 5~8 滴，水浴加热。每隔 5 分钟从烧杯中取出少量液体做碘试验，直至不显蓝色（记录所需时间）。用 $50g \cdot L^{-1}$ 氢氧化钠溶液中和至碱性（用石蕊试纸检测），取 1mL 上述液体于试管中加 0.5mL Benedict 试剂，摇匀，沸水浴加热 2~3 分钟，观察结果，并作出解释。

五、注解和实验指导

[1] Fehling 试剂的配制：

Fehling 试剂 A：将 3.5g 硫酸铜（$CuSO_4 \cdot 5H_2O$）溶于 100mL 水，过滤。

Fehling 试剂 B：将 17g 酒石酸钾钠溶于 15~20mL 热水，再加入 20mL $200g \cdot L^{-1}$ 氢氧化钠，稀释至 100mL。

两种溶液分别贮存，使用时取等量混合。

$$Cu(OH)_2 + \begin{array}{l} HOHC—COOK \\ | \\ HOHC—COONa \end{array} \longrightarrow Cu \begin{array}{l} OCH—COO^- \\ OCH—COO^- \end{array} \quad （深蓝色溶液）$$

〔2〕Benedict 试剂的配制：Benedict 试剂为 Fehling 试剂的改进，试剂稳定，不必临时配制，而且还原糖类时很灵敏。配制方法如下：在烧杯中用 100mL 热水溶解 20g 柠檬酸钠和 11.5g 无水碳酸钠。在搅拌下，将含 2g 硫酸铜晶体的 20mL 水溶液慢慢加入上述柠檬酸钠和碳酸钠溶液中，必要时过滤，得澄清溶液。

〔3〕Tollens 试剂的配制：1mL $50g \cdot L^{-1}$ 硝酸银溶液，加入 1 滴 $100g \cdot L^{-1}$ 氢氧化钠溶液，振摇下滴加 $20g \cdot L^{-1}$ 氨水至析出的氧化银恰好全部溶解为止。

〔4〕Molisch 试验：

Molisch 试剂：10g α- 萘酚溶于 95% 乙醇，再用 95% 乙醇稀释至 100mL。用前配制。

糖类化合物分子结构中邻近的羟基之间相互影响，在浓硫酸的催化下易脱水生成糠醛或其衍生物（如羟甲基糠醛）等，生成的产物再与 α- 萘酚进一步缩合，生成紫色络合物。

例如：

（紫色络合物）

一般的单糖、双糖、多糖进行 Molisch 试验均呈阳性，若 Molisch 反应呈阴性，可以确证不存在糖类化合物；但该反应不是糖类的特异性反应，一些非糖化合物，如各种糠醛衍生物、丙酮、乳酸及苷类等化合物的 Molisch 反应也呈阳性，因此单凭阳性反应并不能确证有糖的存在。

〔5〕苯肼试剂的配制：将 5g 苯肼盐酸盐溶于 160mL 水中，用活性炭脱色，再加 9g 乙酸钠结晶，搅拌溶解，贮于棕色瓶备用。苯肼毒性较大，操作时应小心，防止试剂溢出或沾到皮肤上。如不慎触及皮肤，应先用稀乙酸洗，再用水冲洗。

〔6〕蔗糖不与苯肼作用生成糖脎，但经长时间加热，可能水解成葡萄糖和果糖，因而也有少量糖脎沉淀出现。

六、医药用途

糖类药物在临床上主要用于治疗细菌感染、糖尿病、肿瘤、艾滋病等疾病，例如含糖抗生素万古霉素、卡那霉素，糖尿病治疗药物阿卡波糖等。许多中药如人参、云芝、灵芝等含有的多糖具有显著的药理活性,具有独特的保健功能和药用价值。

七、思考题

1. 丙酮不具还原性,不与 Fehling 试剂、Benedict 试剂、Tollens 试剂反应,为什么酮糖,例如果糖却可与上述试剂反应,并具有还原性?

2. 蔗糖是非还原糖,但在做 Fehling 试剂、Benedict 试剂、Tollens 试剂反应时,长时间加热有时也能得到正性结果,为什么?

(贾智若)

实验十八   氨基酸和蛋白质的性质鉴定
Experiment 18   Property of Amino Acids and Proteins

一、实验目的

1. 验证和巩固氨基酸和蛋白质的主要化学性质。
2. 掌握氨基酸和蛋白质的特征颜色反应及其鉴别方法。

二、实验原理

大多数 α- 氨基酸在加热条件下能与水合茚三酮作用发生显色反应,生成蓝紫色的有色产物;而含亚氨基的脯氨酸反应显黄色。反应灵敏、操作简便,常用于 α- 氨基酸的定性鉴别。

除脯氨酸等亚氨基酸外,具有伯氨基的氨基酸均能与亚硝酸反应,快速且定量释放氮气,这也是范斯莱克氨基测定法(Van Slyke method)的基本原理。

蛋白质分子中的肽键和不同的氨基酸残基能与不同的试剂作用发生特有的显色反应,常见的显色反应包括茚三酮反应、缩二脲反应、黄色反应等。

蛋白质从溶液中以固体状态析出的现象称为蛋白质沉淀,可分为两种类型:一种是不变性的可逆沉淀反应,如大多数蛋白质的盐析作用,利用等电点析出的沉淀等,可利用此类反应对蛋白质进行分离和提纯;另一种是蛋白质空间构象遭到破坏,发生变性的不可逆沉淀反应,如重金属盐、强酸、强碱及超声波等条件下发生的沉淀反应等。

三、仪器与试剂

【仪器】试管,木试管夹,离心管,离心机,玻璃棒。

【试剂】丙氨酸溶液($2g \cdot L^{-1}$),茚三酮溶液($5g \cdot L^{-1}$),盐酸($100g \cdot L^{-1}$),盐酸($10g \cdot L^{-1}$),亚硝酸钠溶液($50g \cdot L^{-1}$),浓硝酸,氢氧化钠溶液($50g \cdot L^{-1}$),氢氧化钠溶液($10g \cdot L^{-1}$),硫酸铜溶液($30g \cdot L^{-1}$),氯化汞溶液($30g \cdot L^{-1}$),乙酸铅溶液($30g \cdot L^{-1}$),硝酸银溶液($30g \cdot L^{-1}$),硫酸铵粉末,饱和硫酸铵溶液,95% 乙醇,三氯乙酸($100g \cdot L^{-1}$),苦味酸,清蛋白,蒸馏水,蛋白质溶液。

四、实验步骤

（一）氨基酸的性质

1. 氨基酸的茚三酮鉴别反应　在一试管中加入 $2g \cdot L^{-1}$ 丙氨酸溶液 10 滴,然后加入 $5g \cdot L^{-1}$ 茚三酮溶液 3 滴,在沸水浴中加热 5~10 分钟,观察颜色变化,并作出解释。

2. 氨基酸的亚硝酸实验[1]　在一试管中加入约 0.1g 的丙氨酸和 $100g \cdot L^{-1}$ 盐酸 5mL,小心地加 $50g \cdot L^{-1}$ 亚硝酸钠溶液 15mL 至试管中,充分摇匀并观察气体冒出的速率。

（二）蛋白质性质

1. 蛋白质的显色反应

（1）茚三酮反应:在一试管中加入蛋白质溶液 10 滴,然后加入茚三酮溶液 3 滴,在沸水浴中加热 5~10 分钟,观察颜色变化,并予以解释。

（2）蛋白黄色反应:取试管 1 支,加入清蛋白溶液 5 滴,然后加入浓硝酸 2 滴,注意在蛋白质溶液中会产生白色沉淀。将试管放在沸水中加热,此时有何现象?请予以解释。

（3）蛋白质的缩二脲反应[2]:在试管中加入 5 滴清蛋白溶液和 5 滴 $50g \cdot L^{-1}$ 氢氧化钠溶液,再加入 $30g \cdot L^{-1}$ 硫酸铜溶液 2 滴,共热。有何现象?请予以解释。

（4）蛋白质的两性反应:在两支试管中各加入蛋白质溶液 2mL,其中一支作对照,在另一支试管中逐滴加入 1% HCl 溶液,每加 1 滴就轻轻摇动试管,观察有无沉淀或混浊发生。当沉淀出现后,继续滴加 1% HCl,产生什么现象?改用 NaOH,在同一试管中逐滴加入 1% NaOH 溶液,观察有无沉淀出现,继续滴加 NaOH,出现什么现象?

2. 蛋白质的盐析[3]　取离心管 1 支,加入蛋白质溶液[4]和饱和硫酸铵溶液各 2mL,混合后,静置 10 分钟,球蛋白即沉淀析出,将其离心。离心后的上层清液用吸管小心吸出并移至另一离心管,慢慢加入硫酸铵粉末,每加一次,均用玻璃棒充分搅拌,直到粉末不再溶解为止。静置 10 分钟后,可见清蛋白沉淀析出。离心并吸去上层清液。将上述两离心管的沉淀内各加入蒸馏水 2mL,用玻璃棒搅拌,沉淀能否复溶?

3. 蛋白质的沉淀反应

（1）用乙醇沉淀蛋白质:取试管 1 支,加入蛋白质溶液 5 滴,沿试管壁加入 95% 乙醇 10 滴并摇匀,静置数分钟后,观察溶液出现混浊。

（2）用有机酸沉淀蛋白质[5]:取试管 2 支,各加入蛋白质溶液 5 滴,然后各加 1 滴 $100g \cdot L^{-1}$ 盐酸将其酸化(该沉淀反应最好在弱酸条件下进行),分别加 $100g \cdot L^{-1}$ 三氯乙酸、苦味酸各 2 滴,观察沉淀生成(如没有沉淀,可再滴加相应的酸)。

（3）用重金属盐沉淀蛋白质[6]:取试管 4 支,各加入蛋白质溶液 5 滴,然后分别滴加 $30g \cdot L^{-1}$ 氯化汞、3% 乙酸铅、$30g \cdot L^{-1}$ 硝酸银、$30g \cdot L^{-1}$ 硫酸铜各 3 滴,观察沉淀的生成。

（4）加热沉淀蛋白质[7]:取试管 1 支,加入蛋白质溶液 2mL,将此试管置沸水浴中加热 5 分钟,观察蛋白质的凝固现象。

五、注解和实验指导

[1] 亚硝酸不稳定,故实验中利用亚硝酸钠与盐酸作用而产生亚硝酸。

［2］蛋白质分子中含有许多肽键,在碱性条件下可与铜盐发生缩二脲反应生成铜的配合物,产物显紫色或紫红色。注意此反应中硫酸铜不能过量,否则有氢氧化铜产生,干扰颜色的观察。

［3］在蛋白质胶体溶液中加入一定浓度的强电解质的中性盐,蛋白质凝聚而从溶液中析出的现象称为盐析。由于不同蛋白质盐析时所需盐的浓度不同,因此可采用改变盐溶液浓度的方法使不同的蛋白质分段析出,从而实现混合蛋白的分离。蛋白质的盐析只是破坏了蛋白质分子表面的水化膜,蛋白质内部结构未发生明显的变化,基本保持原来的性质。加水稀释后,盐的浓度降低,稳定因素得以恢复,沉淀溶解,因此盐析沉淀是可逆的。

［4］取鸡蛋清用生理盐水稀释 10 倍,通过 2~3 层纱布滤去不溶物,即得所需的蛋白质溶液。

［5］在溶液的 pH 稍低于蛋白质等电点时,蛋白质以阳离子的形式存在,它能与三氯乙酸、苦味酸、鞣酸等酸根结合而沉淀析出。

$$P\underset{COOH}{\overset{NH_2}{<}} \xrightarrow{H^+} P\underset{COOH}{\overset{\overset{+}{N}H_3}{<}} \xrightarrow{Cl_3CCOO^-} P\underset{COOH}{\overset{NH_3 \cdot OOCCCl_3}{<}}$$

［6］在溶液的 pH 稍高于蛋白质等电点时,蛋白质以负离子的形式存在,它能与重金属盐中的金属离子结合而沉淀析出。

$$P\underset{COOH}{\overset{NH_2}{<}} \xrightarrow{OH^-} P\underset{COO^-}{\overset{NH_2}{<}} \xrightarrow{Ag^+} P\underset{COOAg}{\overset{NH_2}{<}} \downarrow$$

［7］几乎所有的蛋白质都因加热变性而凝固。不同蛋白质的凝固温度不同,有些在 50~55℃时即凝固,有些蛋白质比较耐热,能经受短暂煮沸而不凝固。在临床上,常利用蛋白质受热凝固的性质来检验尿液中是否有蛋白质。

六、医药用途

生物体的一切重要生理活动都离不开蛋白质,蛋白质是生命现象最基本的物质基础,如在生物新陈代谢中起催化作用的酶、起调节作用的激素、运输氧气的血红蛋白,以及引起疾病的细菌、病毒的结构蛋白,抵抗疾病的抗体等。

七、思考题

1. 为何蛋清和牛奶可作为铅、汞中毒的解毒剂?
2. 简述茚三酮试剂、蛋白质的缩二脲反应和黄色反应在鉴别上的用途。

（贾智若）

第三节　分子模型

实验十九　分子模型作业
Experiment 19　Operation of Molecular Model

一、实验目的

1. 掌握立体异构现象,从而理解有机化合物结构与性质的关系。
2. 了解有机分子的立体结构。

二、实验原理

　　同分异构是有机化合物的结构特点。有机化合物分子的异构现象包括构造异构和立体异构。分子式相同,分子中原子或基团的连接顺序或排列方式不同而产生的异构称为构造异构;分子的构造相同,但分子中的原子或基团在空间的排列位置不同而产生的异构称为立体异构。立体异构分为构象异构和构型异构,构型异构又分为顺反异构和对映异构。单键的自由旋转是产生构象异构的原因。限制 σ 键自由旋转则是产生顺反异构的因素。手性是产生对映异构现象的结构依据,不能与其镜像重合的分子称为手性分子,存在着对映异构现象。

　　分子中原子相互连接的方式和顺序称构造,分子的构造用构造式表示。构造式常用的为实线式(Kekulè式)或其简写和键线式表示。分子结构表示分子的构造、构象和构型,若需表述化合物的立体结构则多用立体结构式如透视式表示,它通过用细实线"—"表示价键位于纸平面上,用楔形虚线"ıllı"表示价键朝向纸后,用楔形实线"►"表示价键朝向纸前,从而表述出化合物的空间立体形象。

| 实线式 | 简写式 | 键线式 | 透视式 |

　　构象异构一般用锯架式(sawhorse)和纽曼(Newman)投影式表示。锯架式是从分子的侧面观察,能反映不同原子或基团在空间的排列情况;纽曼投影式是沿一条指定 C—C 键的键轴投影而得,表示这两个碳原子连接的基团之间的空间关系。

| 锯架式 | 纽曼投影式 |

　　对映异构体结构的表述除了用立体图式外,一般多用平面投影。最常用的是费歇尔

（Fischer）投影式。它是将手性原子相连的四个不同的原子或基团中的两个处于水平面、朝前，另两个处于垂直方向、朝后；然后朝纸平面投影，手性原子处于两条直线交叉点，这种投影式又称十字形投影式。而糖类化合物的环状结构一般用哈沃斯（Haworth）透视式表述。

费歇尔投影式　　　　　　　　　　　哈沃斯透视式

三、仪器

球棒式模型一套。

四、实验步骤

1. 组成甲烷、乙烯和乙炔的分子模型　用球、金属杆和弯曲金属杆组成一个甲烷分子、乙烯分子和乙炔分子模型。观察和比较单键、双键、三键及其伸展状况。画出甲烷、乙烯和乙炔分子的立体结构式（透视式）。

2. 组成乙烷、正丁烷和异丁烷的分子模型

（1）用球和金属杆组成乙烷、正丁烷和异丁烷的分子模型。观察和比较正丁烷和异丁烷的碳链伸展情况，了解甲基、乙基、丙基、异丙基及伯、仲、叔碳原子。

（2）将组成的正丁烷和异丁烷模型变成正丁基、异丁基、仲丁基和叔丁基，写出以上基团的构造式（实线式）。

（3）在乙烷分子模型中将 C—C 单键旋转 360°。观察其构象并从这些构象中了解重叠、交叉构型，并用锯架式和纽曼投影式表示。

（4）在正丁烷分子模型中将 C2—C3 单键旋转 360°。观察其构象并从这些构象中找出重叠、交叉构型。分别用锯架式和纽曼投影式表示出正丁烷的对位交叉、邻位交叉、部分重叠和完全重叠四种典型的构象异构体并指出优势构象。

3. 组成 2- 丁烯的分子模型

（1）按照组成乙烯分子模型的方法，把乙烯分子每个碳原子上的其中一个氢用甲基（别的颜色的球）代替，组成 2- 丁烯分子模型。

（2）排列出 2- 丁烯分子的两种构型——顺式与反式。写出两种立体结构式（透视式），并观察两个甲基的相对远近。

（3）若将 2- 丁烯分子模型中的甲基视为羧基（—COOH），此分子模型代表何物？写出其构造式，从中理解顺 - 丁烯二酸易失水成顺 - 丁烯二酸酐的原因。

（4）按上述方法组成 1，2- 二溴丙烯的分子模型，写出顺式与反式的立体结构式（透视式）并指出顺式、反式、Z 构型和 E 构型。

4. 组成乳酸、酒石酸和葡萄糖的分子模型

（1）乳酸（2- 羟基丙酸）结构中，C2 是手性碳原子。用五种颜色的球分别代表手性碳

原子、H、—CH₃、—COOH 和—OH，组成乳酸分子模型。转动分子模型，将手性碳原子中的两个键竖立、朝后，其余两个键横立朝前，写出乳酸分子的透视式。

（2）了解 D- 乳酸和 L- 乳酸及 R- 乳酸和 S- 乳酸的空间构型及构型命名，转动分子模型，将手性碳原子中的两个键竖立、朝后，其余两个键横立朝前，写出其费歇尔投影式。

（3）组成酒石酸的分子模型。写出酒石酸的三种立体异构体的费歇尔投影式，并在内消旋酒石酸中找出其对称因素（如对称面和对称中心）。

（4）组成葡萄糖的开链结构和环状结构。写出葡萄糖分子开链结构的费歇尔投影式和环状结构的哈沃斯式，了解开链结构与环状结构间的转变关系，并比较 α-D- 葡萄糖与β-D- 葡萄糖两种构象的稳定性。

5. 组成环己烷的分子模型

（1）组成环己烷的分子模型。比较环己烷分子的船式和椅式两种典型构象的稳定性，并通过分子模型进一步了解其优势构象（椅式构象）中的平伏键和直立键，写出其船式和椅式构象式。

（2）组成 1, 2- 二甲基环己烷分子的椅式构象模型。了解其顺反异构体和对映异构体，比较其稳定性，并写出其顺、反异构体的椅式构象。

（3）组成 1, 3- 二甲基环己烷分子的椅式构象模型。了解其顺反异构体和对映异构体，比较其稳定性，并写出其顺、反异构体的椅式构象。

（4）组成 1, 4- 二甲基环己烷分子的椅式构象模型。了解其顺反异构体，比较其稳定性，并写出其顺、反异构体的椅式构象，并从模型中找出分子无对映异构的对称因素。

6. 组成顺式和反式十氢萘分子模型　十氢萘可以看成两个环己烷的稠合。环己烷的优势构象是椅式构象，两个椅式构象的稠合方式有两种，一种是 ee 稠合，一种是 ea 稠合。从模型中理解这两种稠合方式哪种是顺式、哪种是反式，并比较两种异构体的稳定性。

五、注解和实验指导

通常黑球代表碳原子，长杆（或长棍）代表碳碳键，短杆代表碳氢键，弯曲杆代表 π 键，其他原子或基团可用不同颜色的球代表。

六、医药用途

通过分子模型，将微观化合物结构转换为更为直观的宏观结构，可以更加方便地理解化合物的结构。

例 1：通过单键旋转、环的翻转等操作，观察化合物的不同构象。

例 2：在手性药物中，分子模型直观地展示出对映异构体之间的区别。

七、思考题

1. 直链烃为什么是锯齿状的？

2. 乙二醇分子的构象中哪种构象为优势构象，为什么？

（马　超）

第五章　有机化合物的制备

实验二十　乙酰苯胺的制备
Experiment 20　Preparation of Acetanilide

一、实验目的

1. 掌握乙酰苯胺的制备原理。
2. 掌握重结晶、脱色、热过滤、抽滤等基本操作技术。

二、实验原理

有机化学把引入乙酰基的反应称为乙酰化反应（acetylation reaction）。乙酰苯胺可通过苯胺与乙酰氯、乙酸酐或冰乙酸等乙酰化试剂进行乙酰化反应制得。其中，苯胺与乙酰氯反应最剧烈，乙酸酐次之，冰乙酸最慢，但用冰乙酸价格便宜，操作方便。本实验采用冰乙酸作乙酰化试剂，反应式如下：

本反应为可逆反应，故把生成的水蒸出，使反应不断向右进行。

三、仪器与试剂

【仪器】锥形瓶（100mL），圆底烧瓶（100mL），刺形分馏柱，温度计（150℃），烧杯（250mL），铁架台，铁圈，量筒（100mL），抽滤瓶，布氏漏斗，电热套，水泵，蒸发皿，天平，短颈漏斗，剪刀，角匙，滤纸，玻璃棒。

【试剂】冰乙酸，苯胺，锌粉，活性炭，沸石。

主要试剂、产物的物理常数和用量见表 5-1。

表 5-1　主要试剂、产物的物理常数和用量

试剂 / 产物	分子量	投料量 /g	物质的量 /mol	熔点 /℃	沸点 /℃	溶解度
苯胺	93.16	10.2	0.11	−6.3	184	微溶于水
冰乙酸	60.05	15.6	0.26	16.6	118	与水混溶
乙酰苯胺	135.17			114.3	305	微溶于水

四、实验步骤[1]

1. 合成

（1）在 100mL 圆底烧瓶中放入 10mL（10.2g，0.11mol）新蒸馏过的苯胺和 15mL（15.6g，0.26mol）冰乙酸，加少许锌粉[2]及沸石 2 粒。

（2）圆底烧瓶上装上一个刺形分馏柱，柱顶插一支 150℃温度计，支管接一个接收管。接收管下端接一小锥形瓶，收集蒸出的水和乙酸。

（3）用电热套加热圆底烧瓶中的反应物至微沸，控制加热温度，使温度计读数保持在 105℃左右（不超过 110℃），反应大约 40 分钟，反应所生成的水几乎完全蒸出（含少量未反应的乙酸），收集馏出液 6~8mL 时，温度计读数下降或不稳定，表示反应已经完成。

（4）在搅拌下趁热将烧瓶中的液体倒入盛有 100mL 冰水的烧杯中，析出乙酰苯胺的结晶。冷却后将产物用布氏漏斗抽滤，抽干后用少许冷蒸馏水洗涤 3 次，抽滤得粗产品。

2. 纯化　将粗产品移至 250mL 烧杯中，加入 100~150mL 蒸馏水，加热至沸，乙酰苯胺完全溶解[3]（如果乙酰苯胺不完全溶解，再加 25mL 蒸馏水）。稍放冷，加 0.5g 活性炭脱色，搅拌使活性炭较均匀地分散在溶液中，再煮沸 5 分钟。预热短颈漏斗，内放菊花形滤纸（折叠滤纸的方法见实验十一）。将上述滤液趁热分批倾入漏斗中过滤。

将滤液冷却，乙酰苯胺的片状晶体析出。用布氏漏斗抽滤，用少量冷蒸馏水洗涤结晶 3 次，压紧抽干。干燥，称重并计算产率。

完成本实验预计需要 2~3 小时。

3. 结构鉴定

（1）乙酰苯胺的熔点是 114℃。

（2）TLC 鉴定展开剂，石油醚：乙酸乙酯 =2：1。

（3）^{1}H NMR 确证结构（图 5-1）。

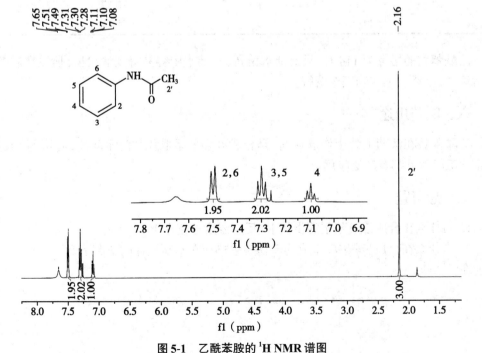

图 5-1　乙酰苯胺的 ^{1}H NMR 谱图

五、注解和实验指导

[1] 实验流程：

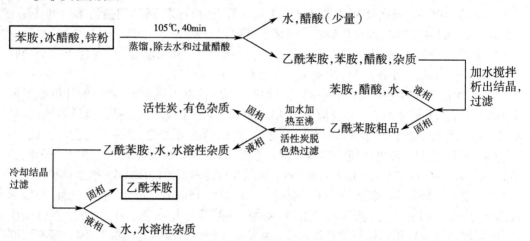

[2] 加入锌粉的目的是防止苯胺在加热过程中被氧化。

[3] 在100mL水中，乙酰苯胺的溶解度与温度的关系见表5-2。

表 5-2   乙酰苯胺的溶解度与温度的关系

温度 /℃	溶解度 /g
100	5.55
80	3.45
50	0.84
20	0.46

乙酰苯胺的熔点为114℃，只比沸水稍高，在沸水中容易得到油状物，所以在制备饱和溶液时，必须使油状物完全溶解。

六、医药用途

乙酰苯胺在医药上曾用作退热剂，是合成许多苯系取代物的中间体，在医药、农药、精细化工等领域都有广泛应用。

七、思考题

1. 为什么在合成乙酰苯胺的步骤中，反应温度控制在105℃？

2. 为什么在合成步骤中，生成的产物要趁热和在不断搅拌的情况下倒入冰水中？意义何在？

（毛 帅）

实验二十一　乙酸乙酯的制备
Experiment 21　Preparation of Ethyl Acetate

一、实验目的

1. 掌握酯化反应的原理。
2. 掌握回流、蒸馏、萃取和液体有机物干燥等有机合成操作。
3. 理解产物的分离提纯原理和方法。

二、实验原理

在浓硫酸催化下，冰乙酸和无水乙醇发生酯化反应，制备乙酸乙酯：

$$CH_3COOH + C_2H_5OH \xrightleftharpoons[]{\text{浓 }H_2SO_4} CH_3COOC_2H_5 + H_2O$$

该反应是可逆反应，硫酸电离出的氢离子可以促使反应速率提高。为了提高乙酸乙酯的产率，可采用增加无水乙醇的用量、及时将产物乙酸乙酯和水蒸出这两种措施，使平衡向生成酯的方向移动。

三、仪器与试剂

【仪器】量筒（10mL，50mL），磁力加热搅拌器，搅拌子，水浴，圆底烧瓶（100mL），球形冷凝管，干燥管，蒸馏头，直形冷凝管，接液管，锥形瓶（100mL），温度计，分液漏斗，烧杯（250mL）。

【试剂】无水乙醇，冰乙酸，浓硫酸，饱和碳酸钠溶液，饱和氯化钠溶液，饱和氯化钙溶液，无水硫酸镁（或无水硫酸钠）。

主要试剂、产物的物理常数和用量见表5-3。

表5-3　主要试剂、产物的物理常数和用量

试剂/产物	分子量	投料量/mL	物质的量/mol	沸点/℃	比重(d_4^{20})	溶解度
冰乙酸	60.05	12	0.21	118	1.049 0	易溶于水
无水乙醇	46.07	20	0.34	78.4	0.789 3	易溶于水
乙酸乙酯	88.12			77.1	0.900 5	微溶于水

四、实验步骤

1. 合成

（1）在100mL圆底烧瓶中加入无水乙醇（20mL，0.34mol）和冰乙酸（12mL，0.21mol），在搅拌的条件下缓慢滴加5mL浓硫酸，装上球形冷凝管和干燥管，水浴中回流搅拌反应30分钟。

（2）停止加热，稍冷后，将回流装置改为常压蒸馏装置，在水浴上加热蒸馏，直至无

馏出液蒸出,得到粗产品。

2. 精制　粗产品中除了有乙酸乙酯外,还有水和少量未反应的乙酸、乙醇及其他副产物,须通过精制加以除去。

（1）向馏出液中缓慢滴加饱和碳酸钠溶液[1],边加边摇,直至有机层呈中性为止（用pH试纸测定）。

（2）将混合液转入分液漏斗中,充分振摇后静置,分出下层水相。

（3）上层有机相用10mL饱和氯化钠溶液洗涤两次[2],再用5mL饱和氯化钙溶液洗涤两次[3]。

（4）将乙酸乙酯倒入干燥的锥形瓶中,加入约2g无水硫酸镁[4],充分振摇后静置约10分钟,过滤,除去固体。

（5）蒸馏并收集74~78℃的馏分。

3. 计算产率　该实验中乙醇过量,故用冰乙酸为标准计算理论产量。理论产量=0.21×88.12=18.5g。

4. 结构鉴定

（1）乙酸乙酯的沸点为77.06℃,折光率 n_D^{20}=1.372 3。

（2）^{1}H NMR确证结构（图5-2）。

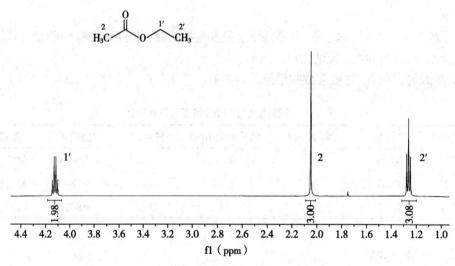

图 5-2　乙酸乙酯的 ^{1}H NMR 谱图

完成本实验预计需要4小时。

五、注解和实验指导

［1］用碳酸钠溶液可除去未反应的乙酸。

［2］用饱和氯化钠洗涤目的是减少乙酸乙酯在水中的溶解度，并除去前一次洗涤残余的碳酸钠。

［3］饱和氯化钙溶液可除去馏出液中微量的乙醇，以免蒸馏时乙醇、乙酸乙酯和水形成共沸物（表5-4），降低产率。

表5-4 乙酸乙酯与水或醇形成二元和三元共沸物的组成及沸点

沸点 /℃	乙酸乙酯 /%	乙醇 /%	水 /%
70.2	82.6	8.4	9.0
70.4	91.9		8.1
71.8	69.0	31.0	

［4］加入无水硫酸镁是为了吸收水分，干燥产品。

六、医药用途

乙酸乙酯对许多有机合成原料具有优异的溶解能力，常作为药物合成的中间体或溶剂。它也是一种良好的载体，用于制备药物传递系统，如药物微粒、胶囊或膜。乙酸乙酯还具有良好的挥发性和渗透性，可以用于制备一些外用制剂，如药膏或乳剂。

七、思考题

1. 在精制过程中，饱和碳酸钠溶液、氯化钠溶液、氯化钙溶液和无水硫酸镁分别除去哪些杂质？

2. 粗产品为何要先经饱和氯化钙洗涤和无水硫酸镁干燥后，才能进行蒸馏？

（张彤鑫）

实验二十二 乙酰水杨酸的制备

Experiment 22　Preparation of Acetyl Salicylic Acid

一、实验目的

1. 掌握乙酰化反应的原理。
2. 掌握重结晶纯化固体有机物的方法。
3. 熟悉鉴定酚类化合物的方法。
4. 了解利用酸性分离纯化羧酸化合物的方法。

二、实验原理

阿司匹林常用的制备方法是在浓硫酸的催化下将水杨酸（salicylic acid）与乙酸酐（acetic anhydride）（过量约1倍）作用，使水杨酸分子中酚羟基上的氢原子被乙酰基取代而生成乙酰水杨酸。乙酸酐在反应中既作为酰化剂又作为反应溶剂。

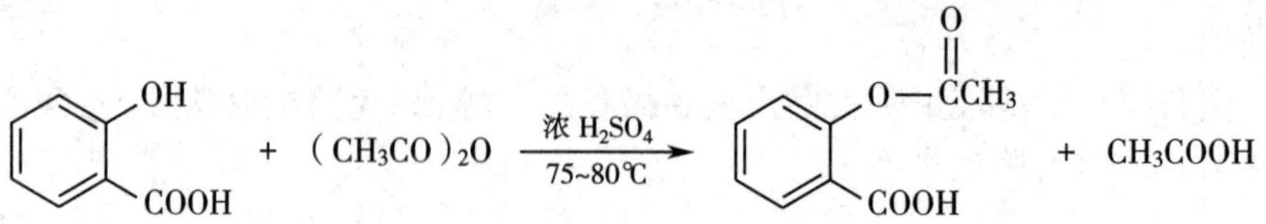

水杨酸能缔合形成分子内氢键,浓硫酸的作用是破坏水杨酸分子中的氢键,使乙酰化反应易于进行。

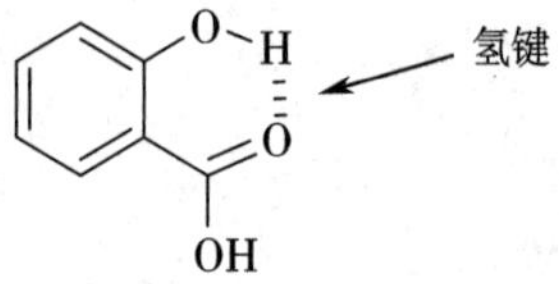

乙酰化反应完成后,加水使乙酸酐分解为水溶性的乙酸,即可得到粗制乙酰水杨酸。乙酰水杨酸粗品必须经纯化处理。

三、仪器与试剂

【仪器】锥形瓶(100mL,15mL),烧杯(250mL,100mL),温度计(100℃),量筒(50mL,10mL),布氏漏斗,抽滤瓶,水泵,安全瓶,表面皿,玻璃棒,滤纸,红外灯,提勒管。

【试剂】水杨酸,乙酸酐,浓硫酸,95% 乙醇,饱和碳酸氢钠溶液,浓盐酸,10g·L^{-1}三氯化铁溶液。

主要试剂、产物的物理常数和用量见表5-5。

表 5-5   主要试剂、产物的物理常数和用量

试剂 / 产物	分子量	投料量 /g	物质的量 /mol	熔点 /℃	沸点 /℃	溶解度
水杨酸	138.1	3	0.022	159		微溶于水
乙酸酐	102.1	5	0.045	−73	140	遇冷水缓慢水解,遇热水水解加快
乙酰水杨酸	180.2			135(分解)		微溶于水 易溶于乙醇

四、实验步骤

1. 制备

(1)在 100mL 干燥的锥形瓶中加入干燥的水杨酸 3g 和乙酸酐 5mL,再加浓硫酸 5滴,于 75~80℃的水浴[1]中振摇,使固体物质溶解后,在此温度下继续加热并充分振摇 10分钟。

(2)取出锥形瓶,冷却至室温,然后加入 30mL 水,搅拌后将锥形瓶放在冰水浴中静置冷却,以加速结晶的析出。

(3)待结晶完全析出后,减压过滤,用蒸馏水洗涤结晶 2~3 次,抽干,即得乙酰水杨酸粗品。

（4）按操作 3 检查纯度。

2. 纯化

方法一：利用羧酸的酸性纯化

（1）将乙酰水杨酸粗品放入烧杯中，搅拌下加入 25mL 饱和碳酸钠溶液，加完继续搅拌几分钟，直至无二氧化碳气体放出为止。

（2）抽滤，并用 5~10mL 蒸馏水冲洗漏斗（若无不溶于碳酸氢钠的固体，该步骤可忽略）。

（3）将滤液转移到烧杯中，边搅拌边滴加盐酸（5mL 盐酸 +10mL 水）。乙酰水杨酸析出后，抽滤，固体用蒸馏水洗涤 2~3 次，得精品。

（4）按操作 3 检查纯度。

方法二：混合溶剂重结晶法[2]

（1）将乙酰水杨酸粗品移入一个干净的小烧杯中，水浴加热条件下加入 95% 乙醇至固体恰好溶解（用量约 4~7mL）[3]。

（2）加 40mL 水，若析出沉淀，则加热使沉淀溶解（必要时补加少量 95% 乙醇）。将溶液静置冷却，冰浴结晶。

（3）待结晶完全后减压过滤，用蒸馏水洗涤结晶 2~3 次，抽干，得精品。

（4）按操作 3 检查纯度。

3. 纯度检查　取少量样品溶于 10 滴 95% 乙醇中，加 1% 三氯化铁溶液 1~2 滴。观察颜色变化。如溶液变紫红色，则说明样品不纯；若无颜色变化，说明样品纯度较高。

完成本实验预计需要 3 小时。

4. 计算产率　将提纯后的乙酰水杨酸置于表面皿上，红外灯下干燥。注意不要离灯太近，以免温度过高使样品熔融或分解。称重并计算产率。

该实验中乙酸酐过量，故以水杨酸为标准计算理论产量。理论产量 =0.022×180.2=3.96g。

5. 结构鉴定

（1）乙酰水杨酸的熔点为 135~136℃。

（2）TLC 鉴定展开剂，石油醚：乙酸乙酯：冰乙酸 =40：10：1。

（3）^{1}H NMR 确证结构（图 5-3）。

五、注解和实验指导

[1] 注意加料顺序，否则易生成聚合物。反应温度不宜过高，否则将有副反应发生，例如生成水杨酰水杨酸。

[2] 混合溶剂重结晶方法及原理参见实验十一"重结晶"。

[3] 若加热至沸仍有不溶物或溶液混浊，则要过滤。过滤前，滤纸先用热乙醇湿润。

六、医药用途

阿司匹林对环氧合酶有抑制作用，是较温和的解热镇痛药，有较强的抗炎、抗风湿作用，同时还具有促进尿酸排泄、抑制血小板聚集、阻止血栓形成等作用，临床上可用于头痛、风湿性关节炎、痛风、心血管系统疾病等的预防和治疗。

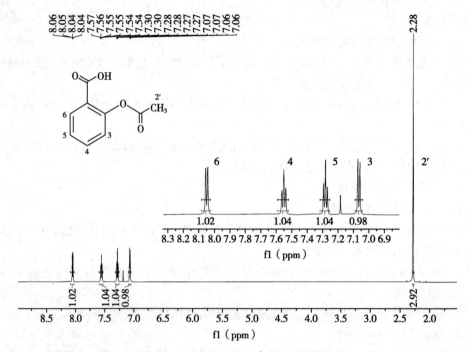

图 5-3   乙酰水杨酸的 ^{1}H NMR 谱图

七、思考题

1. 反应容器为什么要干燥无水？

2. 乙酰水杨酸的粗品可能含有哪些杂质？这些杂质可用什么方法去除？

（吴　峥）

实验二十三   1- 溴丁烷的制备
Experiment 23   Synthesis of 1-Bromine Butane

一、实验目的

1. 掌握由醇和氢卤酸反应制备卤代烃的方法。

2. 掌握回流、蒸馏、萃取和尾气吸收等基本操作。

二、实验原理

实验室中, 常以正丁醇、溴化钠和硫酸为原料一锅法合成 1- 溴丁烷。溴化钠与硫酸作用得到氢溴酸, 然后氢溴酸与正丁醇反应得到 1- 溴丁烷。反应式如下：

$$NaBr + H_2SO_4 \longrightarrow HBr + NaHSO_4$$

$$CH_3CH_2CH_2CH_2OH + HBr \longrightarrow CH_3CH_2CH_2CH_2Br + H_2O$$

正丁醇在硫酸存在的条件下有可能发生脱水的副反应：

$$CH_3CH_2CH_2CH_2OH \xrightarrow{H_2SO_4} CH_3CH_2CH = CH_2 + H_2O$$

$$CH_3CH_2CH_2CH_2OH \xrightarrow{H_2SO_4} (CH_3CH_2CH_2CH_2)_2O + H_2O$$

三、仪器与试剂

【仪器】圆底烧瓶(100mL,25mL),蒸馏头,温度计(150℃),球形冷凝管,直形冷凝管,接收管,普通漏斗,烧杯(100mL),锥形瓶(25mL),分液漏斗。

【试剂】正丁醇,无水溴化钠,浓硫酸,饱和碳酸氢钠溶液,无水氯化钙,5%氢氧化钠溶液。

主要试剂、产物的物理常数和用量见表5-6。

表5-6　主要试剂、产物的物理常数和用量

试剂/产物	分子量	投料量/g	物质的量/mol	熔点/℃	沸点/℃	溶解度
正丁醇	74.12	4.86	0.066	−90.2	117.7	溶解于水
溴化钠	102.89	8.23	0.080	775	1 390	易溶于水
浓硫酸	98.08	18.40	0.188		335.5	极易溶于水
1-溴丁烷	137.03			−112.4	101.6	极微溶于水
丁醚	130.23			−98	142	极微溶于水
1-丁烯	56.12			−185.3	−6.3	不溶于水

四、实验步骤

1. 1-溴丁烷的制备

(1)在100mL圆底烧瓶中加入7mL水,在冷水浴下缓慢加入10mL浓硫酸,混合均匀,冷却至室温,依次加入8.23g溴化钠和6mL正丁醇,充分摇匀后加入几粒沸石,安装球形冷凝管,连接尾气吸收装置,用5%氢氧化钠溶液作吸收剂。

(2)小火加热至沸腾,回流反应30分钟。

(3)停止加热,反应液冷却后,移去冷凝管,补加几粒沸石,改为蒸馏装置,蒸馏至馏出液无油滴。

2. 1-溴丁烷的纯化

(1)将馏出液倒入分液漏斗中,加等体积水洗涤[1]。有机层倒入另一干燥分液漏斗中,用等体积的浓硫酸洗涤[2]。分液,有机层依次用等体积的水、饱和碳酸氢钠溶液、水洗涤。

(2)洗涤毕,将下层粗产品倒入干燥的锥形瓶中,加1g无水氯化钙干燥,间歇摇动锥形瓶,至液体澄清。

(3)将粗产品滤入25mL圆底烧瓶中,加入几粒沸石,安装蒸馏装置,加热蒸馏,收集99~103℃馏分,产量约5g,计算产率。

完成本实验预计需要5小时。

3. 结构鉴定

（1）1-溴丁烷的沸点为101.6℃，折光率 $n_D^{20}=1.4399$。

（2）^1H NMR确证结构（图5-4）。

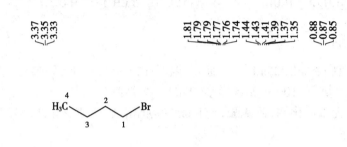

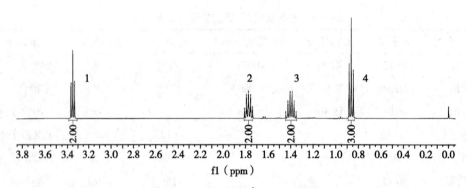

图5-4　1-溴丁烷的 ^1H NMR谱图

五、注解和实验指导

［1］若油层呈红色，是因为含有游离的溴，可加入饱和亚硫酸氢钠溶液洗涤除去。

［2］浓硫酸可除去粗产品中少量未反应的正丁醇及副产物正丁醚等杂质。

六、医药用途

1-溴丁烷在高浓度时有麻醉作用，引起意识障碍，眼和皮肤接触可致灼伤。作为原料可用于合成麻醉药盐酸丁卡因。临床上直接使用的卤代烃有碘仿，用于制备碘仿纱布、碘仿海绵、碘仿甘油等。

七、思考题

1. 实验中浓硫酸的作用是什么？浓硫酸的用量及浓度对反应有何影响？

2. 本实验中可能产生哪些副反应？如何减少副反应的发生？

（李芳耀）

实验二十四　正丁醚的制备
Experiment 24　Preparation of n-Butyl Ether

一、实验目的

1. 掌握实验室制备正丁醚的原理和方法。
2. 掌握分水器的安装和使用方法。
3. 理解共沸法除水的原理。
4. 了解威廉姆逊(Williamson)合成法制备混合醚的原理。

二、实验原理

醚是有机合成中常用的溶剂。实验室制备方法主要有两种。

一种是醇脱水法：

$$2ROH \xrightleftharpoons[\triangle]{催化剂} R—O—R + H_2O$$

该法适用于制备低级单纯醚，不能用于制备高级单纯醚和混合醚。实验室常用的催化剂有浓硫酸、氧化铝、芳香族磺酸、氯化锌、氯化铝等。使用浓硫酸作催化剂时，在不同反应温度下醇和浓硫酸作用会生成不同产物，必须严格控制反应温度。

由于反应是可逆的，通常需要采用蒸出产物(水或醚)的方法，使反应朝有利于生成醚的正方向进行。

另一种方法是威廉姆逊合成法：利用醇(酚)钠与卤代烃作用，主要用于制备混合醚，特别是制备芳基烷基醚时产率较高。这种合成方法的反应原理是烷氧(或酚氧)负离子对卤代烃的双分子亲核取代反应(即 S_N2)反应。因为醇钠的碱性很强，仲、叔卤代烃在此条件下主要发生消除反应，生成烯烃副产物，该反应只适用于伯卤代烃。

$$R—ONa + X—R' \longrightarrow R—O—R' + NaX$$

本实验采用的是第一种制备方法，正丁醇在浓硫酸催化作用下脱水制备正丁醚，同时采用分水器装置，利用共沸物原理除去反应生成的水，以使反应顺利进行，提高反应收率。反应式为：

$$2CH_3CH_2CH_2CH_2OH \xrightleftharpoons[\triangle]{浓\ H_2SO_4} (CH_3CH_2CH_2CH_2)_2O + H_2O$$

副反应为：

$$CH_3CH_2CH_2CH_2OH \xrightarrow[\triangle]{浓\ H_2SO_4} CH_3CH_2CH=CH_2 + H_2O$$

在此反应中，正丁醇、水和正丁醚能形成沸点为90.6℃的三元恒沸物。将恒沸物冷凝后，有机物密度较小且在水中的溶解度也较小，因此浮于分水器的上层，可以连续返回反应器中继续反应；水则沉于分水器的下层，被移出反应器。

醚一般为无色、易挥发、易燃、易爆炸液体。由于醚的自动氧化作用，会生成少量遇振或受热易爆炸的过氧化物，如需使用放置时间较长的醚，必须先检验有无过氧化物。

三、仪器与试剂

【仪器】三口瓶（100mL），温度计（150℃），分水器，电热套，回流冷凝管，分液漏斗，常压蒸馏装置。

【试剂】正丁醇，浓硫酸，5%氢氧化钠溶液，无水氯化钙。

主要试剂、产物的物理常数和用量见表5-7。

表 5-7   主要试剂、产物的物理常数和用量

试剂／产物	分子量	投料量／mL	物质的量／mol	熔点／℃	沸点／℃	溶解度
正丁醇	74.14	31	0.33	−90.2	117.7	可溶于水
浓硫酸	98.08	5		10	338	易溶于水
正丁醚	130.23			−98	142.4	不溶于水

四、实验步骤[1]

1. 正丁醚的制备

（1）在100ml干燥三口瓶中加入31mL正丁醇（约25g，0.33mol），再将5mL浓硫酸缓慢加入瓶中，将三口瓶摇荡几次，使瓶中的浓硫酸与正丁醇混合均匀[2]，并加入几粒沸石。

（2）在瓶口分别装上温度计和分水器（图5-5）[3]，温度计要插在液面以下，分水器的上端接一个回流冷凝管。

（3）先在分水器中加入一定量的水（约4mL），把水的位置做好记号。将三口瓶放到电热套中加热，在低压下先加热30分钟，控制温度在100~115℃，不超过回流温度[4]。

（4）30分钟后提高电压，加热升温保持回流分水。随着反应的进行，回流液经冷凝后收集在分水器内，分液后水层沉于下层，上层有机相积至分水器支管时，即可返回烧瓶。大约1.5小时后，三口瓶中反应液温度可达134~136℃[5]。

（5）当分水器全部被水充满时停止反应[6]。如果加热时间过长，溶液会变黑，并有大量副产物烯生成。

2. 正丁醚的纯化

（1）将反应液冷却到室温后，倒入盛有50mL水的分液漏斗中，充分振摇，静置分层后弃去下层液体。

（2）上层粗产品依次用25mL水、15mL 5%氢氧化钠溶液[7]、15mL水和15mL饱和氯化钙溶液洗涤，然后用1~2g无水氯化钙干燥。

（3）干燥后的产物滤入25mL蒸馏瓶中，蒸馏收集140~144℃馏分，产量7~8g。

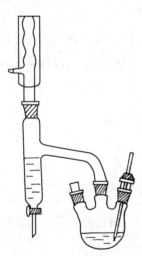

图 5-5   正丁醚的合成装置图

3. 计算产率　该实验中硫酸为催化剂，故以正丁醇为标准计算理论产量。理论产量=（0.33÷2）×130.23=21.49g。将纯化后的正丁醚称重并计算产率。

4. 结构鉴定

（1）正丁醚的沸点为142~143℃。

（2）^{1}H NMR 确证结构（图5-6）。

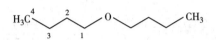

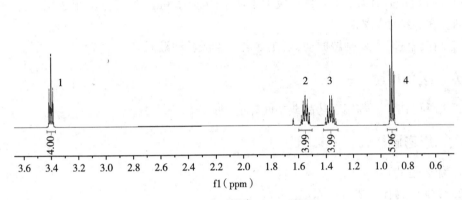

图5-6　正丁醚的 ^{1}H NMR 谱图

完成本实验预计需要 3~4 小时。

五、注解和实验指导

[1] 实验流程

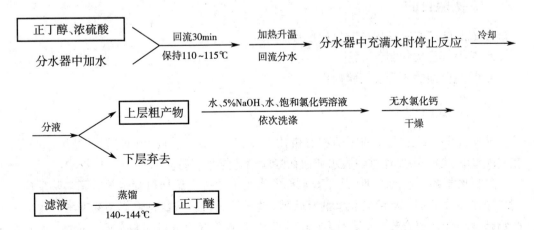

［2］加料时，正丁醇和浓硫酸应充分摇动混匀，否则硫酸局部过浓，加热后易使反应溶液变黑。

［3］本实验利用恒沸混合物蒸馏方法，将反应生成的水、原料和产物共同蒸至分水器，混合物在分水器中分层，包括原料和产物在内的上层有机相通过分水器支管不断流回反应器中，进而将生成的水除去。

［4］制备正丁醚的较适宜温度是 130~140℃，但刚开始回流时，这个温度很难达到，因为原料正丁醇可与水形成沸点为 93℃的共沸物（含水 44.5%），原料正丁醚可与水形成沸点为 94.1℃的共沸物（含水 33.4%）；另外，正丁醚可与水及正丁醇形成沸点为 90.6℃的三元共沸物（含水 29.9%，正丁醇 34.6%），故应在 100~115℃反应半小时后可达到 130℃以上。

［5］反应温度要严格控制在 135℃以下，否则易产生大量的单分子脱水副产物正丁烯。

［6］按反应式计算，在常量合成中生成水的量为 3mL，实际上分出水层的体积要略大于理论量，否则产率很低。

［7］在碱洗时不要剧烈振动，否则易乳化生成乳浊液而难于分离。

六、医药用途

正丁醚可作为溶剂用于药品或中间体的制备。

七、思考题

1. 什么是共沸？
2. 该反应为什么要进行除水？

（马春华）

实验二十五　环己烯的制备
Experiment 25　Preparation of Cyclohexene

一、实验目的

1. 熟悉醇脱水制备烯烃的反应原理。
2. 掌握环己烯的制备方法。
3. 掌握分馏的原理及实验操作。

二、实验原理

烯烃（alkene）是重要的医药和有机化工原料，工业上主要是通过石油裂解来制备。在实验室中，烯烃主要通过醇脱水或卤代烃脱卤化氢来制备。

醇脱水制备烯烃的原理，是在脱水剂的作用下通过高温加热发生单分子消除反应得到烯烃和一分子水。常用的脱水剂有硫酸、磷酸等无机酸或氯化铝等路易斯酸。主要副产物是醚和烯烃聚合物，这是因为在酸性条件下醇会发生分子间脱水而生成醚；产物烯烃会进一步聚合。

利用上述原理,环己醇(cyclohexanol)在浓磷酸或浓硫酸催化下高温加热脱去一分子水转化为环己烯。

$$\text{OH} \xrightarrow{85\% \text{H}_3\text{PO}_4} + \text{H}_2\text{O}$$

副产物之一为环己醚。

$$\text{OH} + \text{OH} \underset{}{\overset{85\% \text{H}_3\text{PO}_4}{\rightleftharpoons}} \text{O} + \text{H}_2\text{O}$$

此反应可逆,为了使反应向正向移动,提高收率,所用实验装置必须干燥无水,并在反应过程中采用共沸原理除去反应体系生成的水。因为环己烯和水能形成沸点为70.8℃的二元共沸物(含水10%),本实验采用边反应边蒸出反应生成的环己烯和水的方法。但是原料环己醇也能和水形成二元共沸物(沸点97.8℃,含水80%)。为了使环己烯以共沸物的形式蒸出反应体系,而又不夹带原料环己醇,本实验使用分馏装置,在过程中需严格控制分馏柱支管口温度不超过90℃。

三、仪器与试剂

【仪器】圆底烧瓶(50mL,干燥),锥形瓶(50mL),刺形分馏柱,直形冷凝管,克氏蒸馏头,温度计(100℃),接收管,分液漏斗(50mL),电热套,普通漏斗,量筒(50mL),烧杯。

【试剂】环己醇,85%磷酸,饱和氯化钠水溶液,无水氯化钙。

主要试剂、产物的物理常数和用量见表5-8。

表5-8　主要试剂、产物的物理常数和用量

试剂/产物	分子量	投料量/mL	物质的量/mol	熔点/℃	沸点/℃	溶解度
环己醇	100.2	10	0.096	25	161	微溶于水
85%磷酸	98.0	5	0.043	42	158	易溶于水
环己烯	82.1			−104	83	难溶于水

四、实验步骤[1]

1. 环己烯的制备

(1)在50mL干燥的圆底烧瓶中,依次加入10mL环己醇[2](9.6g,0.096mol)和5mL 85%磷酸,充分振摇使环己醇和磷酸混合均匀[3]。

(2)投入几粒沸石,圆底烧瓶连接刺形分馏柱,分馏柱上方安装100℃温度计。

(3)分馏柱支管连接直形冷凝管,冷凝管连接接收管,最后用50mL锥形瓶作接受瓶。

(4)直形冷凝管最好能接冷却液循环泵而不是自来水,能更有效地防止产物环己烯

挥发。

（5）缓缓加热烧瓶，控制加热速度，使分馏柱上的温度计读数始终低于90℃[4]，馏出液为带水的混浊液。

（6）当烧瓶中只剩下很少量的残液并出现阵阵白雾时，或者分馏出的环己烯和水的共沸物达到理论计算量，即可停止分馏。全部分馏时间约需50分钟。

2. 环己烯的纯化

（1）将蒸馏液加入50mL分液漏斗中，加入等体积的饱和氯化钠水溶液，塞上玻璃塞，充分振摇后，取下玻璃塞，静置分层。打开分液漏斗下端活塞，将下层水溶液放出，上层的粗产物从分液漏斗的上口倒入干燥的小锥形瓶中[5]。

（2）向装有粗产品的锥形瓶中加入1~2g无水氯化钙进行干燥。

（3）使用滤纸将干燥后的产物滤入干燥的梨形蒸馏瓶中[6]，加入几粒沸石，用水浴加热蒸馏。收集80~85℃的馏分于已称重的干燥小锥形瓶中。

3. 计算产率   收集完产品后，冷却，称重。该实验中磷酸为催化量，故以环己醇为标准计算理论产量。理论产量 $=0.096 \times 82.1 = 7.88g$。

4. 结构鉴定

（1）环己烯的沸点为85.6℃。

（2）^{1}H NMR确证结构（图5-7）。

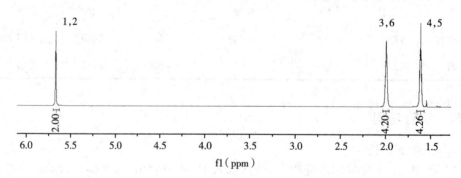

图5-7   环己烯的[1]H NMR谱图

完成本实验预计需要3~4小时。

五、注解和实验指导

[1] 实验流程

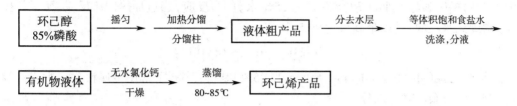

[2] 环己醇在常温下是黏稠液体，用量筒量取时应注意转移中的损失。

[3] 环己醇与磷酸应充分混合均匀，否则加热时可能出现局部碳化，使反应液变黑。

[4] 有文献要求分馏柱顶温度控制在 73℃左右，但这样会使反应时间显著变长，因此建议控制柱顶温度不超过 90℃。

[5] 加入饱和氯化钠溶液的目的是除去环己烯中大部分水。使用分液漏斗分离水层时应尽可能分离完全，否则将增加干燥剂无水氯化钙的用量，造成被干燥剂吸附的产物增多而引起收率降低。

无水氯化钙干燥的目的是吸附除去产品中残余的水和环己醇。加入无水氯化钙振摇后，大部分氯化钙应不粘瓶底，流动性好，液体澄清透亮。如干燥剂互相黏附结块，说明干燥剂的用量不够，应补加。干燥时间一般应在半小时以上，最好过夜。实际实验过程中，由于时间较短难以彻底干燥，在最后蒸馏时，可能会有较多的前馏分（环己烯和水的共沸物）蒸出。

[6] 在蒸馏已干燥的产物时，蒸馏所用仪器都应充分干燥。为了方便计算产品质量和收率，接收产品的锥形瓶应事先称重。

六、医药用途

环己烯可以作为溶剂和试剂用于药品或医药中间体的制备。

七、思考题

1. 本实验为什么需要在干燥条件下进行？
2. 磷酸在本实验中的作用是什么？为什么不用浓硫酸？

（马春华）

实验二十六　无水乙醇和绝对乙醇的制备
Experiment 26　Preparation of Anhydrous Ethanol and Absolute Ethanol

一、实验目的

1. 掌握回流、蒸馏等基本操作。
2. 熟悉进行无水操作的方法。
3. 了解实验室制备无水乙醇和绝对乙醇的原理。

二、基本原理

无水乙醇（anhydrous ethanol，纯度 >99.5%）的制备：实验室常用氧化钙法制备无水乙醇。利用氧化钙与工业酒精（95% 乙醇，5% 水）的水反应，通过加热回流反应、蒸馏等操作，得到无水乙醇，纯度最高可达 99.5%。

$$CaO + H_2O \longrightarrow Ca(OH)_2$$

绝对乙醇（absolute ethanol，纯度 >99.95%）制备：实验室常用金属镁除去无水乙醇（99.5%）中残余的微量水分。

$$2C_2H_5OH + Mg \xrightarrow{I_2} 2(C_2H_5O)_2Mg + H_2\uparrow$$

$$(C_2H_5O)_2Mg + 2H_2O \longrightarrow 2C_2H_5OH + Mg(OH)_2$$

三、仪器与试剂

【仪器】[1] 圆底烧瓶（250mL），球形冷凝管，直形冷凝管，干燥管，锥形瓶，电炉，蒸馏头，接收管，温度计（100℃），铁架台等。

【试剂】无水乙醇制备试剂：氧化钙，氢氧化钠，95% 乙醇，无水氯化钙。

绝对乙醇制备试剂：无水乙醇，无水氯化钙，镁条或镁屑，碘。

主要试剂、产物的物理常数和用量见表 5-9。

表 5-9　主要试剂、产物的物理常数和用量

试剂 / 产物	分子量	投料量	物质的量 /mol	熔点 /℃	沸点 /℃	溶解度
95% 乙醇	46.1	74.98g	1.63	−117	78.5	易溶于水
氧化钙	56.1	40g	0.71	2 580	2 850	与水反应
氢氧化钠	98.1	0.5g	0.012 5	−16.4	155.7	易溶于水
镁	24.3	0.6g	0.025	649	1 098	不溶于水
碘	253.8	3 颗	催化量	113.5	184.3	不溶于水

四、实验步骤

1. 无水乙醇的制备

（1）回流除水：将 250mL 的圆底烧瓶干燥，加入 40g 生石灰[2]、0.5g 氢氧化钠和 100mL 95% 乙醇，摇匀。安装回流装置，在球形冷凝管的上口接干燥管（管内塞进少许棉花再填充无水氯化钙），加热、回流 1 小时。

（2）蒸馏：稍微冷却后取下冷凝管，加入几粒沸石，改为蒸馏装置，接收管支管连接无水氯化钙干燥管，加热，蒸馏至无液滴流出。称重或量体积，计算回收率。

（3）纯度检查：取 1mL 馏分于小试管中，加入无水硫酸铜，观察现象，并用 95% 乙醇作对照实验，分析结果，得出结论。

2. 绝对乙醇的制备　在 250mL 圆底烧瓶中加入 0.6g 干燥的金属镁、10mL 无水乙

醇[2]，安装回流装置，在球形冷凝管的上口接干燥管，在水浴上加热至微沸，移去热源，立即投入几颗碘粒（此时不要摇动）。很快碘粒周围即发生反应，慢慢扩大，最后达到相当剧烈的程度。若反应太慢，适当加热或补加碘粒。当金属镁反应完全后，加入 100mL 无水乙醇和几粒沸石。加热、回流 1 小时，蒸馏，至无液滴流出，称重或量体积，计算回收率。

3. 结构鉴定　乙醇的沸点为 78.5℃，折光率 $n_D^{20}=1.360\ 5$。

完成本实验预计需要 4 小时。

五、注解和实验指导

[1] 本实验中所用仪器均需严格干燥，否则会引入水分，影响实验结果。

[2] 所用乙醇的水分含量不能超过 0.5%，否则反应相当困难。

六、医药用途

乙醇俗称酒精，具有广泛的医药用途，95% 乙醇可用于器械消毒，70%~75% 乙醇可用于杀菌及伤口消毒，40%~50% 乙醇可预防压疮，25%~50% 乙醇可用于物理退热。

很多有机反应要用乙醇作为溶剂或者反应试剂，乙醇纯度对反应的速度及产率有很大影响。某些反应必须在绝对干燥的条件下进行；在反应产物的纯化过程中，为避免产物与水结合生成水合物，也需要用无水有机溶剂。因此，掌握有机溶剂的纯化十分必要。

七、思考题

1. 制备无水乙醇时应注意什么事项？为什么加热回流和蒸馏时，冷凝管的顶端和接收器支管需连接干燥管？

2. 无水氯化钙是常用的干燥剂，如果用无水氯化钙代替氧化钙制备无水乙醇是否可以？为什么？

（李芳耀）

实验二十七　2- 硝基 -1，3- 苯二酚的制备
Experiment 27　Preparation of 2-Nitro-1, 3-Benzenediol

一、实验目的

1. 了解芳烃亲电取代反应定位规律的应用。
2. 掌握通过磺酸基占位反应和硝化反应来合成 2- 硝基 -1，3- 苯二酚的原理。
3. 掌握和巩固水蒸气蒸馏、重结晶、减压抽滤等基本操作。

二、实验原理

2- 硝基 -1，3- 苯二酚的合成是一个巧妙利用定位规律的例子。酚羟基是较强的邻对位定位基，也是较强的致活基团。如果让间苯二酚直接硝化，由于反应太剧烈，不易控

制；另外，由于空间效应，硝基会优先进入 4、6 位，很难进入 2 位。本实验利用磺酸基的强吸电子性和磺化反应的可逆性，先磺化，在 4、6 位引入磺酸基，既降低了芳环的活性，又占据了活性位置。在硝化时，受定位规律的支配，硝基只能进入 2 位，最后进行水蒸气蒸馏，既把磺酸基水解掉，同时又把产物随水蒸气一起蒸出来。本反应中磺酸基起到了占位、定位和钝化的作用。

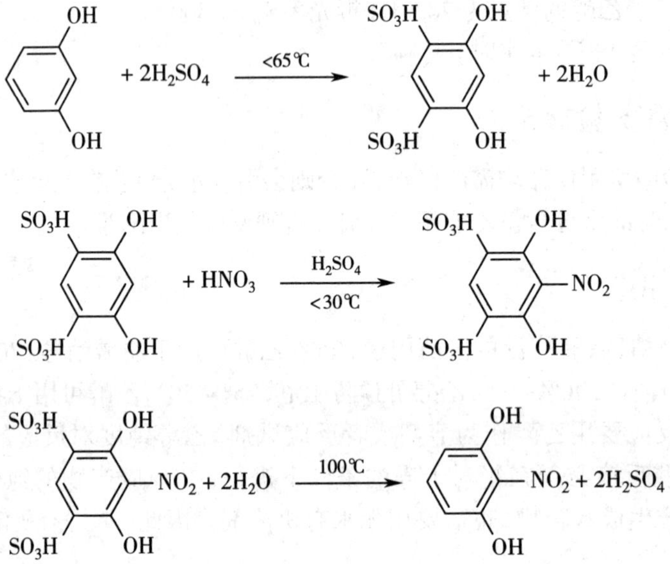

三、仪器与试剂

【仪器】三口烧瓶（100mL），恒压滴液漏斗（50mL），弯接导管，直形冷凝管，锥形瓶（50mL），烧杯，布氏漏斗，抽滤瓶，研钵，温度计（100℃），恒温磁力搅拌装置。

【试剂】间苯二酚，浓硫酸，浓硝酸，尿素，乙醇。

主要试剂、产物的物理常数和用量见表 5-10。

表 5-10 主要试剂、产物的物理常数和用量

试剂/产物	分子量	投料量	物质的量/mol	熔点/℃	沸点/℃	溶解度
间苯二酚	110.11	2.8g	0.025	111	276.5	易溶于水
2-硝基-1,3-苯二酚	155.11			84~85	234	难溶于水
尿素	60.06	3g	0.05	132.7		易溶于水
浓硫酸	98.08	15.8mL	0.297	10.4	338	混溶于水
浓硝酸	63.01	2mL	0.044	−42	120.5	混溶于水

四、实验步骤

1. 合成[1]

（1）磺化反应：称取 2.8g 研成粉末状的间苯二酚[2]转至 100mL 干燥的三口烧瓶中，

加入搅拌子,搅拌状态下使用恒压滴液漏斗滴加浓硫酸 13mL,于 60~65℃ 水浴中搅拌反应 15 分钟[3],然后于冰浴中冷却至 0~10℃,得白色糊状磺化物,备用。

(2)硝化反应:磁力搅拌下,使用恒压滴液漏斗将混酸(2mL 浓硝酸和 2.8mL 浓硫酸)滴加到三口烧瓶中的磺化反应溶液,控制温度在 25~30℃,滴毕,于室温下搅拌 15 分钟,得亮黄色糊状物[4]。加入 15mL 冰水稀释,控制温度低于 50℃,加入 2~3g 尿素,搅拌 5 分钟得反应液,备用。

(3)水解反应:组装滴水式水蒸气蒸馏装置(图 5-8),加入 2~3 粒沸石、15mL 水,加热至回流,用恒压滴液漏斗将第二步的硝化反应液缓慢滴加入沸水中,保持沸腾,大约需要 10 分钟。

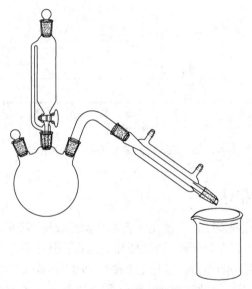

图 5-8 滴水式水蒸气蒸馏装置

加毕,保持沸腾 5~10 分钟,当冷凝管中开始出现橘红色产品时[5],将烧杯中无产品的流出液加回三口烧瓶中。继续加热蒸馏,注意调节冷凝水流速,在此期间通过恒压滴液漏斗滴加 10~20mL 水,蒸馏至直形冷凝管中的橘红色固体不再增加,借助铁丝将直形冷凝管中的固体转移至烧杯,合并至流出液,冰浴冷却 10~15 分钟,抽滤,得橘红色片状结晶。

2. 纯化 产品用 5~8mL 50% 的乙醇水溶液重结晶[6],得橘红色针状结晶,45~50℃ 干燥至恒重,得到精制产品,计算产率并测定熔点。

完成本实验预计需要 4 小时。

3. 结构鉴定

(1)2- 硝基 -1,3- 苯二酚的熔点为 84.5~84.9℃。

(2)TLC 鉴定展开剂,石油醚:乙酸乙酯 =6:1。

(3)^{1}H NMR 确证结构(图 5-9)。

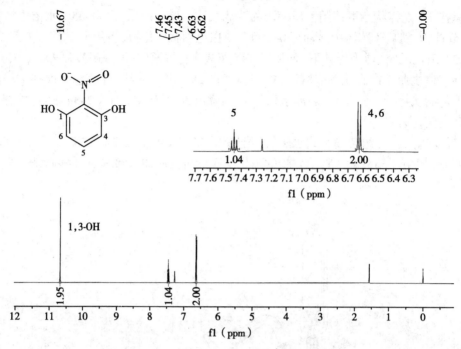

图 5-9　2-硝基-1,3-苯二酚的 ^{1}H NMR 谱图

五、注解和实验指导

[1] 本实验一定注意先磺化,后硝化。否则会剧烈反应,甚至发生事故。

[2] 间苯二酚很硬,要充分研碎,否则磺化只能在固体表面进行,磺化不完全。

[3] 酚的磺化在室温下就可进行,但是反应较慢,故于 60~65℃的水浴中进行以加速反应。

[4] 硝化反应比较快,因此硝化前,磺化混合物要先在冰水浴中冷却,混酸也要冷却,最好在 10℃以下;硝化时,也要在冷却下,边搅拌边慢慢滴加混酸,否则,反应物易被氧化而变成灰色或黑色。

[5] 水蒸气蒸馏时,冷凝水流速要慢一些,否则产物凝结于冷凝管壁的上端,会造成堵塞。

[6] 产品用 5~8mL 50% 乙醇-水溶液进行洗涤,不要太多,否则会造成产品损失。

六、医药用途

具有邻羟基二苯甲酮结构的化合物能够选择性吸收紫外线,使其转换成高能态烯醇结构,然后经过低能辐射恢复母体结构,从而避免紫外线对人体造成破坏。2-硝基-1,3-苯二酚被广泛应用于二苯甲酮类抗紫外线染料的合成中间体。

七、思考题

1. 为什么不能直接硝化,而要先磺化?

2. 什么情况下用水蒸气蒸馏提纯或分离有机化合物?

（刘　健）

实验二十八　苯佐卡因的制备

Experiment 28　Synthesis of Benzocaine

一、实验目的

1. 掌握回流反应的基本实验操作。
2. 掌握苯佐卡因的合成原理和方法。
3. 了解多步骤合成的实验操作。

二、实验原理

苯佐卡因的化学名为对氨基苯甲酸乙酯,本实验以对硝基苯甲酸为原料,经硝基还原、酯化两步反应合成苯佐卡因。

第一步:硝基还原。以锡粉为还原剂,在酸性介质中,将对硝基苯甲酸还原成可溶于水的对氨基苯甲酸盐酸盐。反应后,金属锡转化为水溶性的四氯化锡,使用浓氨水至碱性后,生成的氢氧化锡沉淀可被滤去;而对氨基苯甲酸在碱性条件下生成的羧酸铵盐仍能溶于水。然后用冰乙酸将 pH 调至 5 左右,对氨基苯甲酸固体可从水溶液中析出。

第二步:酯化反应。对氨基苯甲酸在乙醇溶液中经浓硫酸催化成酯,产物显弱碱性,使用碳酸钠将 pH 调至 9 左右,可以使产物苯佐卡因从水溶液中析出。

三、仪器与试剂

【仪器】三口瓶,圆底烧瓶,恒压滴液漏斗,回流冷凝管,干燥管,布氏漏斗,表面皿,烧杯,量筒,恒温磁力搅拌器。

【试剂】对硝基苯甲酸,锡粉,浓盐酸,浓氨水,冰乙酸,氯化钙,对氨基苯甲酸(自制),无水乙醇,浓硫酸,饱和 Na_2CO_3 溶液。

主要试剂、产物的物理常数和用量见表 5-11。

表 5-11　主要试剂、产物的物理常数和用量

试剂 / 产物	分子量	投料量 /g	物质的量 /mmol	熔点 /°C	沸点 /°C	溶解度
对硝基苯甲酸	167.10	4.0	23.9	242.0		难溶冷水,溶于热水
锡粉	118.71	9.0	75.8	231.9	2 260.0	不溶于水

续表

试剂/产物	分子量	投料量/g	物质的量/mmol	熔点/℃	沸点/℃	溶解度
盐酸(38%)	36.46	50.0	1 370.0	−27.3	48.0	易溶于水
氨水	35.05	50.0	675.3	−77.0	36.0	易溶于水
冰乙酸	60.05	50.0	166.5	16.6	117.9	易溶于水
乙醇	46.07	50.0	1 000.1	−114.1	78.3	易溶于水
硫酸(98%)	98.07	50.0	509.8	10.4	338.0	易溶于水
Na_2CO_3	105.99	50.0	471.8	851.0	1 600.0	易溶于水
对氨基苯甲酸	137.14	2.0	14.6	188.5	339.0~340.0	微溶于水
对氨基苯甲酸乙酯	165.20			92.0	310.0	微溶于水

四、实验步骤[1]

1. 还原反应　在装有回流冷凝管和恒压滴液漏斗的 100mL 三口瓶中加入 4.0g(24mmol)对硝基苯甲酸和 9.0g(75.8mmol)锡粉。恒压滴液漏斗中加入 20mL 浓盐酸。打开恒温磁力搅拌器,室温搅拌下利用恒压滴液漏斗逐滴滴加浓盐酸,反应立即开始(反应液中的锡粉逐渐减少,如有必要可适当加热至 70℃以维持反应正常进行)。约 20~30 分钟后反应接近终点,反应液呈透明状。

稍冷后,将反应液倾入 250mL 烧杯中。待反应液冷却至室温后,慢慢滴加浓氨水至溶液呈碱性(注意总体积不要超过 5mL,若体积过大可适当浓缩),过滤,向滤液中缓慢滴加冰乙酸,即有白色晶体析出,用 pH 试纸检验 pH 至 5 左右。抽滤,自然干燥,得白色固体,产量约为 2g,为白色晶体,熔点为 188.5℃。

2. 酯化反应[2]　在 100mL 圆底烧瓶中加入 2.0g(15mmol)对氨基苯甲酸、20mL 无水乙醇和 2mL 浓硫酸。装上附有带分水器的回流冷凝管,打开恒温磁力搅拌器,加热回流 1 小时,反应液呈无色透明状。

趁热将反应液倒入盛有 80mL 水的烧杯中[3]。溶液稍冷后,慢慢滴加饱和 Na_2CO_3 溶液,将溶液的 pH 调至 9 左右,产物析出。抽滤,自然干燥,得到白色固体,产量为 1~2g,为白色针状晶体,熔点为 92.0℃。

完成本实验预计需要 10 小时。

3. 计算产率　将产物自然干燥后,称重,计算每一步反应的产率。还原反应的理论产量为 3.28g;酯化反应的理论产量为 2.41g。

4. 结构鉴定

(1)苯佐卡因的熔点为 92.0℃。

(2)TLC 鉴定展开剂,无水乙醇:氯仿 =0.75:99.25。

(3)^{1}H NMR 确证结构(图 5-10)。

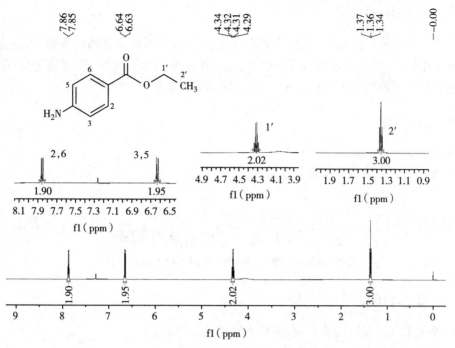

图 5-10　苯佐卡因的 ¹H NMR 谱图

五、注解和实验指导

［1］实验流程

还原：

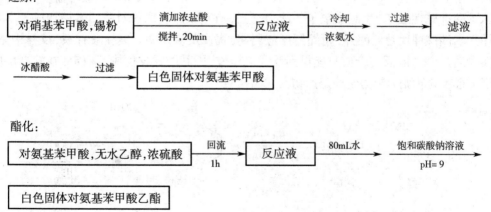

［2］酯化反应须在无水条件下进行，如有水分进入反应系统中，反应收率会降低。无水操作的要点：原料干燥无水，所用仪器、量具干燥无水，反应期间避免水进入反应瓶。

［3］对硝基苯甲酸乙酯及少量未反应的对硝基苯甲酸均溶于乙醇，但均不溶于水。反应完毕，将反应液倾入水中，乙醇的浓度降低，对硝基苯甲酸乙酯及对硝基苯甲酸便会析出。这种分离产物的方法称为稀释法。

六、医药用途

苯佐卡因水溶性差,易与皮肤或黏膜结合,通过阻断神经末梢减轻疼痛,可作为局部麻醉药用于创面、溃疡面和痔疮等的麻醉,对轻度烧伤、创伤、牙痛、咽喉痛等也有效,还可作为男性生殖器脱敏剂以及导管、内镜管的麻醉润滑剂。

七、思考题

1. 酯化反应为什么需要无水操作?
2. 还原反应中为什么需要充分搅拌?

（张廷剑）

实验二十九　肉桂酸的制备
Experiment 29　Synthesis of Cinnamic Acid

一、实验目的

1. 掌握 Perkin 反应制备 α,β- 不饱和羧酸的原理和方法。
2. 掌握水蒸气蒸馏的操作方法。
3. 了解重结晶和回流的操作方法。

二、实验原理

Perkin 反应是实验室和工业中合成肉桂酸的常用方法,通过芳香醛和酸酐在碱性催化剂作用下,反应生成 α,β- 不饱和羧酸。催化剂通常是相应酸酐的羧酸钾盐或钠盐,因无水碳酸钾碱性强,产生碳负离子的能力增强,有利于碳负离子对醛的亲核加成。本实验用无水碳酸钾代替乙酸钾,可缩短反应周期,提高反应产率。肉桂酸有顺、反异构体,本实验通过 Perkin 反应合成只能得到反式肉桂酸,因其顺式异构体不稳定,在较高反应温度下很容易转变为热力学稳定产物反式肉桂酸。

$$苯甲醛 + (CH_3CO)_2O \xrightarrow[\text{或 } K_2CO_3]{CH_3COOK} 肉桂酸（反式） + CH_3COOH$$

苯甲醛　　　　醋酐　　　　　　　　　　　肉桂酸（反式）　　　醋酸

三、仪器与试剂

【仪器】圆底烧瓶(100mL,500mL),烧杯(100mL),量筒(10mL,50mL),布氏漏斗,抽滤瓶,水泵,表面皿,玻璃棒,滤纸,红外灯,水蒸气蒸馏装置。

【试剂】苯甲醛,乙酸酐,无水碳酸钾,无水乙酸钾,$2.5mol \cdot L^{-1}$ 氢氧化钠,$6mol \cdot L^{-1}$ 盐酸,固体碳酸钠,浓盐酸,活性炭,pH 试纸。

主要试剂、产物的物理常数和用量见表 5-12。

表 5-12　主要试剂、产物的物理常数和用量

试剂 / 产物	分子量	投料量 /g	物质的量 /mol	熔点 /°C	沸点 /°C	溶解度
苯甲醛	106.1	3.0	0.030	−26	179	微溶于水
乙酸酐	102.1	8.0	0.085	−73	140	遇冷水缓慢水解，遇热水水解加快
碳酸钾	138.2	4.2	0.030	891	333.6	易溶于水
乙酸钾	98.1	3.0	0.030	292	117.1	易溶于水
肉桂酸	148.2			133	300	难溶于冷水，可溶于热水

四、实验步骤

（一）方法一：无水碳酸钾作催化剂

1. 肉桂酸的制备　在 100mL 干燥的圆底烧瓶[1]中加入 3mL（0.030mol）新蒸馏的苯甲醛[2]、8mL（0.085mol）新蒸馏的乙酸酐、3.5g 无水碳酸钾，于 150℃左右在电热套上加热回流 45 分钟[3]。由于反应中有 CO_2 逸出，反应初期可观察到泡沫出现。

2. 肉桂酸的纯化

（1）反应完毕后，稍冷，加入 20mL 水，按照实验八水蒸气蒸馏方法，蒸除未反应完的苯甲醛，至馏出液澄清为止。

（2）待烧瓶稍冷后，加入约 20mL 2.5mol·L⁻¹ 氢氧化钠至碱性。再加 50mL 水，将反应混合物加热至沸，稍冷，加活性炭煮沸 10 分钟，趁热过滤，滤液冷至室温。

（3）搅拌下加入约 10mL 6mol·L⁻¹ 盐酸酸化，冷却，待结晶充分析出后，抽滤，干燥，得白色结晶。

（4）测试熔点判断产物的纯度。

（二）方法二：无水乙酸钾作催化剂（用于比较不同碱对反应收率的影响）

1. 肉桂酸的制备　在 100mL 圆底烧瓶中加入 3mL（0.030mol）新蒸馏的苯甲醛、8mL（0.085mol）新蒸馏的乙酸酐、3.0g 无水乙酸钾，于 150℃左右在电热套上加热回流 1.5~2 小时。

2. 肉桂酸的纯化

（1）将反应得到的产品趁热倒入 500mL 圆底烧瓶中，用 200mL 沸水分 3~4 次冲洗反应瓶，至产品全部转移到 500mL 烧瓶中。

（2）烧瓶中加入适量固体碳酸钠（5~7.5g）至溶液呈微碱性（用 pH 试纸检验）。在烧瓶上方依次安装挥发油提取器和回流冷凝管，进行水蒸气蒸馏，除去未反应的苯甲醛，至馏出液澄清为止。

（3）烧瓶中加入少量活性炭，煮沸数分钟，趁热过滤。在搅拌下往热滤液中小心加入浓盐酸至呈酸性。冷却，待结晶全部析出后，抽滤，干燥，得白色结晶。可用热水或稀乙醇（3：1）重结晶。

完成本实验预计需要 3 小时。

3. 计算产率   将提纯后的肉桂酸置于表面皿上，红外灯下干燥。注意不要离灯太近，以免温度过高使样品熔融或分解。称重并计算产率，理论产量 =0.030×148.2=4.45g。

4. 结构鉴定

（1）反式肉桂酸的熔点为 132~134℃。

（2）TLC 鉴定展开剂，正己烷：乙醚：冰乙酸 =5∶5∶0.1。

（3）^{1}H NMR 确证结构（图 5-11）。

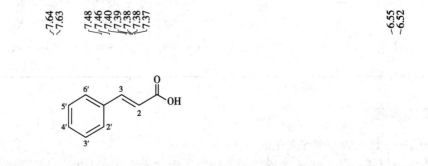

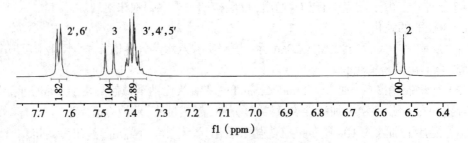

图 5-11   肉桂酸的 ^{1}H NMR 谱图

五、注解和实验指导

［1］所有仪器必须是干燥的，无水碳酸钾也应干燥至恒重。

［2］苯甲醛久置后会自动氧化生成苯甲酸，不仅会影响反应的进行，还会影响产率，而且苯甲酸混在产物中不易除净，故苯甲醛要先蒸馏再使用。

［3］反应物苯甲醛和乙酸酐反应活性均比较小，反应速度慢，须提高反应温度来加快反应速度。但反应温度不宜太高，一方面由于乙酸酐和苯甲醛的沸点分别为 140℃和179℃，温度太高会导致反应物挥发；另一方面，温度太高易引起脱羧、聚合等副反应。故反应温度一般控制在 150~170℃。

六、医药用途

肉桂酸是一种重要的药物合成中间体，可用于合成治疗脑血栓、脑动脉硬化、冠状动脉硬化等疾病的哌嗪类钙通道阻滞剂肉桂苯哌嗪（桂利嗪）。还可作为局部麻醉剂、止血剂等的原料。

七、思考题

1. 在 Perkin 反应中，如使用与酸酐不同的羧酸盐，会得到两种不同的芳基丙烯酸，为什么？

2. 制备肉桂酸时往往出现煤焦油，它是怎样产生的？又是如何除去的？

（王　敏）

实验三十　甲基橙的制备
Experiment 30　Synthesis of Methyl Orange

一、实验目的

1. 通过甲基橙的制备掌握重氮化反应和偶合反应的原理及实验操作。
2. 进一步巩固盐析、重结晶的原理和操作。

二、实验原理

甲基橙是一种酸性染料、常用的酸碱指示剂，也可以用于棉、麻、羊毛的染色。

本实验使用对氨基苯磺酸的重氮盐与 N，N- 二甲基苯胺的乙酸盐，在弱酸介质中偶合反应制备，偶合先得到的是亮红色的酸式甲基橙，在碱性中转变为橙黄色的钠盐，即甲基橙。

反应式：

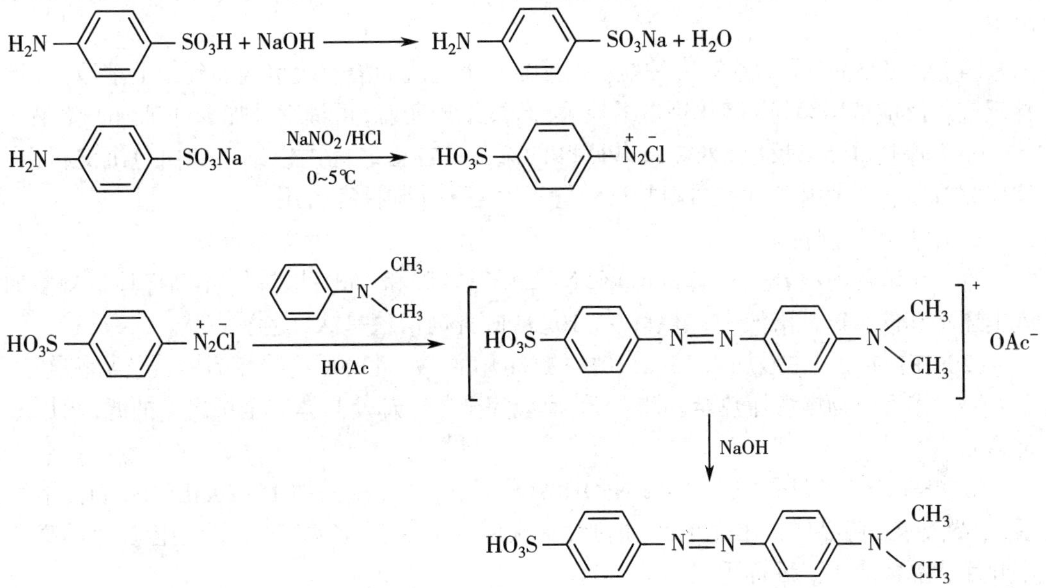

三、仪器与试剂

【仪器】烧杯，试管，电热套，水浴锅，抽滤装置（抽滤瓶，布氏漏斗，水泵），量筒，胶头滴管，玻璃棒，温度计，表面皿，洗瓶，天平等。

【试剂】对氨基苯磺酸,亚硝酸钠,N,N-二甲基苯胺,5% NaOH 溶液,浓盐酸,冰乙酸,乙醇。

主要试剂、产物的物理常数和用量见表 5-13。

表 5-13 主要试剂、产物的物理常数和用量

试剂/产物	分子量	投料量/g	物质的量/mol	熔点/℃	溶解度
对氨基苯磺酸	173.2	2.0	0.012	288	微溶于冷水,溶于热水,不溶于乙醇、乙醚、苯
亚硝酸钠	69.0	0.8	0.012	270	微溶于醇、乙醚
N,N-二甲基苯胺	121.2	1.3	0.010	2.5	不溶于水,溶于乙醇、乙醚、氯仿
甲基橙	327.3			300	微溶于水,易溶于热水,不溶于乙醇

四、实验步骤

1. 对氨基苯磺酸重氮盐的制备

(1)在 100mL 烧杯中加入 2.0g 对氨基苯磺酸结晶和 10mL 5% NaOH 溶液,搅拌溶解[1](可稍微加热以加速溶解),冷却至室温。

(2)在 50mL 烧杯中加入 0.8g NaNO$_2$ 和 6mL 水,搅拌溶解。

(3)将 NaNO$_2$ 溶液加入对氨基苯磺酸的 NaOH 溶液中,搅拌均匀后,冰水浴冷却至 0~5℃。

(4)在 0~5℃下[2],将 3mL 浓盐酸与 10mL 水配成的溶液缓缓滴加到以上溶液中,搅拌反应。反应液用淀粉-碘化钾试纸检验,若试纸未变蓝,可继续补加少许 NaNO$_2$ 溶液。

(5)保持 0~5℃反应,对氨基苯磺酸的重氮盐在短时间内以细小的白色沉淀析出。反应完成后将对氨基苯磺酸重氮盐溶液置于冰浴中冷却保存备用。

2. 甲基橙的制备

(1)在试管内混合 1.3g(1.3mL)N,N-二甲基苯胺和 1mL 冰乙酸,不断搅拌下慢慢加入上述冷却的重氮盐溶液中,继续搅拌 10 分钟,此时溶液呈深红色黏稠状。

(2)在搅拌下,慢慢加入 15mL 10% 的 NaOH 溶液,此时反应物变为橙黄色浆状物[3]。

(3)将反应物慢慢加热至沸腾[4],使反应完全。冷却使晶体完全析出。抽滤,得甲基橙粗品。

3. 提纯[5] 将粗品加入 0.4% NaOH 沸水溶液(每克粗品加 15~20mL)中,固体溶解后,放置冷却,待晶体析出完全后,抽滤,依次用少量冷水、乙醇洗涤,得到橙黄色明亮的小叶片状晶体。干燥后称重。

4. 计算产率 已知对氨基苯磺酸的相对分子质量(M_1)为 173.83,甲基橙的相对分子质量(M_2)为 327.33。理论上 2.00g 的对氨基苯磺酸可得到甲基橙的质量(m)计算如下:

$$m=(2.00g \times M_2) \div M_1=(2.00g \times 327.33) \div 173.83=3.77g$$

5. 结构鉴定

（1）甲基橙的熔点为 300℃。

（2）TLC 鉴定展开剂，石油醚：氯仿 =1：4。

（3）^{1}H NMR 确证结构（图 5-12）。

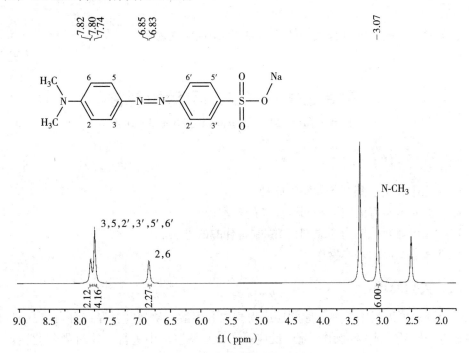

图 5-12 甲基橙的 ^{1}H NMR 谱图

完成本实验预计需要 3 小时。

五、注意事项

［1］对氨基苯磺酸为两性化合物，酸性强于碱性，它能与碱作用生成盐而不能与酸作用生成盐。

［2］重氮化过程中应严格控制温度，反应温度若高于 5℃，生成的重氮盐易水解为酚，降低产率。

［3］若反应物中含有未反应完全的 N,N- 二甲基苯胺乙酸盐，在加入 NaOH 后，就会有难溶于水的 N,N- 二甲基苯胺析出，影响产物的纯度。

［4］偶合反应时，加热溶液至沸腾的过程中，加热速度太快、搅拌不及时将导致泡沫外溢，造成一部分的产品损失。

［5］重结晶操作要迅速，否则由于产物有叔胺基，在温度高时易变质，颜色变深。

六、医药用途

甲基橙常用作酸碱指示剂和染料。在环境监测中，通过其变色可检测水体酸碱度，以监测水质变化。还可用于染色纤维素和蛋白质纤维，以及在生物学实验中检测细胞存活情况。

七、思考题

1. 本实验中，制备重氮盐时，为什么要将对氨基苯磺酸变成钠盐？本实验若改成下列操作步骤：先将对氨基苯磺酸与盐酸混合，再加亚硝酸钠溶液进行重氮化反应，可以吗？为什么？

2. 解释甲基橙在酸性介质中变色的原因，用反应式表示。

（王小华）

实验三十一　二苯甲醇的制备

Experiment 31　Synthesis of Benzhydrol

一、实验目的

1. 熟悉还原法由酮制备仲醇的原理。
2. 掌握回流装置的安装和回流反应的基本操作。
3. 掌握以硼氢化钠为还原剂，由酮制备仲醇的方法。
4. 熟悉重结晶的基本操作。

二、实验原理

二苯甲酮可以利用多种还原剂还原得到二苯甲醇。硼氢化钠是一种负氢试剂，能选择性地将醛酮还原成醇，操作方便，反应可在含水醇溶液中进行。1mol 硼氢化钠理论上能还原 4mol 醛酮，但在实际反应中常用过量的硼氢化钠，反应式为：

三、仪器与试剂

【仪器】三口烧瓶（100mL），烧杯（250mL，100mL），温度计（100℃），量筒（50mL，10mL），球形冷凝管，滴液漏斗，布氏漏斗，抽滤瓶，水泵，安全瓶，表面皿，玻璃棒，滤纸。

【试剂】二苯甲酮，95% 乙醇，硼氢化钠，盐酸，石油醚。

主要试剂、产物的物理常数和用量见表 5-14。

表 5-14　主要试剂的物理常数和用量

试剂	分子量	投料量 /g	物质的量 /mol	熔点 /℃	沸点 /℃	溶解度
二苯甲酮	182.2	1.82	0.01	47~51	305	可溶于乙醇、氯仿，不溶于水
硼氢化钠	37.8	0.4	0.01	>300（分解）		易溶于水、甲醇，不溶于乙醚、苯、烃类

四、实验步骤

1. 二苯甲醇的制备

（1）在装有回流冷凝管、滴液漏斗和搅拌子的 100mL 三口烧瓶中加入 1.82g（0.01mol）二苯甲酮和 20mL 95% 乙醇，塞住余下的瓶口后，加热使固体全部溶解。

（2）冷至室温后，在搅拌下分批加入 0.4g（0.01mol）硼氢化钠[1]，此时，可观察到有气泡产生，溶液变热。硼氢化钠的加入速度以反应温度不超过 50℃为宜。

（3）待硼氢化钠加毕，加热搅拌回流 20 分钟，此过程中有大量气泡放出。冷至室温后，通过滴液漏斗加入 40mL 冷水，然后逐滴加入 10% 盐酸 3.5~5.0mL，以分解过量的硼氢化钠，直至反应停止[2]。

（4）反应液冷却后，抽滤[3]，用水洗涤所得固体，干燥后得到粗产物。

（5）粗产物用石油醚（30~60℃）重结晶[4]，得到二苯甲醇针状结晶约 1g，干燥后测定熔点。

2. 计算产率　将提纯后的二苯甲醇置于表面皿上干燥，称重并计算产率。该实验中硼氢化钠过量，故以二苯甲酮为标准计算。

3. 结构鉴定

（1）二苯甲醇的熔点为 69℃。

（2）TLC 鉴定展开剂，环乙烷：乙酸乙酯 =20：1。

（3）^{1}H NMR 确证结构（图 5-13）。

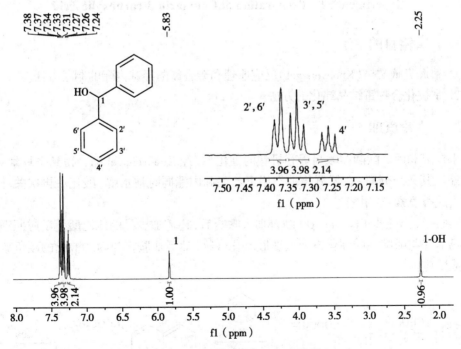

图 5-13　二苯甲醇的 ^{1}H NMR 谱图

完成本实验需 3~4 小时。

五、注解和实验指导

［1］硼氢化钠是强碱性物质，易吸潮，具腐蚀性，称量时要小心操作，勿与皮肤接触。

［2］酸化时溶液酸性不能太强，否则难以析出固体。

［3］若无沉淀出现，可在水浴上蒸去大部分乙醇，冷却后将残液倒入 10g 碎冰和 1mL 浓盐酸的混合液中。

［4］也可以用正己烷代替石油醚进行重结晶。

六、医药用途

二苯甲醇是抗帕金森病药苯甲托品、抗组胺药苯海拉明、利尿降压药乙酰唑胺等多种药物的原料。

七、思考题

1. 本实验还可以采用哪些还原试剂？
2. 实验中加入冷水的作用是什么？

（马　超）

实验三十二　香豆素 -3- 羧酸的制备
Experiment 32　Preparation of Coumarin-3-carboxylic Acid

一、实验目的

1. 掌握克脑文格（Knoevenagel）反应原理和芳香族酚羟基内酯的制备方法。
2. 掌握化合物重结晶纯化的方法。

二、实验原理

水杨醛和丙二酸酯在哌啶等有机碱的催化下，经 Knoevenagel 缩合得到香豆素 -3- 甲酸乙酯。其无须分离，在氢氧化钠作用下乙酯和内酯同时被水解，酸化后再次关环内酯化即生成香豆素 -3- 甲酸。

实验中，第一步 Knoevenagel 缩合加入哌啶后，还需加少量的冰乙酸。反应原理可能是水杨醛先与哌啶在酸催化下形成亚胺基化合物，然后亚胺再与丙二酸酯的碳负离子发生加成反应。

水杨醛　　　　丙二酸二乙酯　　　　　　　　　　　香豆素-3-甲酸乙酯

$$2\text{-}(2'\text{-}羟基亚苄基)丙二酸钠 \xrightarrow{HCl} 香豆素\text{-}3\text{-}甲酸$$

2-(2'-羟基亚苄基)丙二酸钠　　　　　　　　香豆素-3-甲酸

三、仪器与试剂

【仪器】圆底烧瓶(100mL),磁力加热搅拌器,油浴,搅拌子,干燥管,冷凝管,锥形瓶,布氏漏斗,水泵,烧杯(250mL)。

【试剂】水杨醛,丙二酸二乙酯,无水乙醇,哌啶,冰乙酸,无水氯化钙,氢氧化钠,浓盐酸。

主要试剂、产物的物理常数和用量见表5-15。

表5-15　主要试剂、产物的物理常数和投料量表

试剂/产物	分子量	投料量/g	物质的量/mol	熔点/℃	沸点/℃
水杨醛	122.1	5.25	0.042	−7	193.7
丙二酸二乙酯	160.2	7.21	0.045	−50	199.3
六氢吡啶	85.2	0.43	0.005	−11	106
冰乙酸	60.1	0.1	0.002	16.6	117.9
氢氧化钠	40.0	3	0.075	318.4	1 388
香豆素-3-甲酸乙酯	218.2			92	278.9
香豆素-3-羧酸	190.2			189	248.8

四、实验步骤

1. 制备香豆素-3-甲酸乙酯

(1)在干燥的100mL圆底烧瓶中,加入4.2mL水杨醛、6.8mL丙二酸二乙酯[1]、25mL无水乙醇、0.5mL哌啶和1~2滴冰乙酸,放入几粒沸石,装上球形冷凝管,冷凝管上接氯化钙干燥管。

(2)将混合液加热回流2小时后转移到锥形瓶中[2],加入35mL水,放入冰浴中冷却。待晶体析出后过滤,用50%的冷乙醇洗涤滤饼两次,每次3~5mL。抽干滤饼,得粗品。可用25%乙醇重结晶。

2. 制备香豆素-3-羧酸

(1)在100mL圆底烧瓶中,加入4.0g香豆素-3-甲酸乙酯、3.0g氢氧化钠、20mL乙醇和10mL水,加入搅拌子,装上球形冷凝管,加热回流。待酯和氢氧化钠全部溶清后,再继续回流15分钟。

(2)在250mL烧杯中加入10mL浓盐酸和50mL水,搅拌下将上一步得到的反应液趁热倒入烧杯中,立即有大量白色结晶析出,冰浴使充分析晶,过滤,并用少量冰水洗两次,抽干滤饼,得粗品。可用水重结晶。

3. 计算产率   将提纯后的香豆素-3-羧酸置于表面皿上,红外灯下干燥。注意不要离灯太近,以免温度过高使样品熔融或分解。称重并计算产率。该实验中丙二酸二乙酯过量,故以水杨醛为标准计算理论产量,理论产量 =0.042×190.2=8.0g。

4. 结构鉴定

(1)香豆素-3-羧酸的熔点为 189~192℃。

(2)^{1}H NMR 确证结构(图 5-14)。

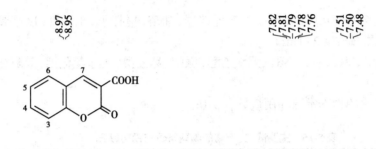

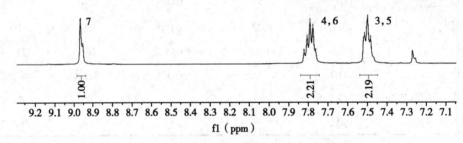

图 5-14   香豆素-3-羧酸的 ^{1}H NMR 谱图

完成本实验需 4~5 小时。

五、注释和实验指导

[1]用滴加的方式将溶于乙醇的丙二酸二乙酯加入圆底烧瓶,使其完全包裹在水杨醛与哌啶的溶液中,充分接触,使反应更充分。

[2]使乙醇匀速缓慢回流为宜,温度大约在 80℃,温度过高可能导致副反应发生。

六、医药用途

香豆素-3-羧酸是合成香豆素的重要起始化合物,香豆素是一种具有多种生物活性的天然产物。

七、思考题

1. Knoevenagel 反应的反应原理是什么?
2. 为什么要保持反应体系干燥无水?

(何小燕)

实验三十三　安息香的辅酶合成
Experiment 33　Coenzyme Synthesis of Benzion

一、实验目的

1. 学习并掌握安息香辅酶合成的制备原理和方法。
2. 进一步掌握回流、冷凝、抽滤、重结晶等基本操作。
3. 了解酶催化的特点。

二、实验原理

两分子的苯甲醛在氰化钾或氰化钠的催化下，在热的乙醇溶液中通过缩合反应可生成二苯乙酮醇，俗称安息香。维生素 B_1 含噻唑环，在碱性条件下可生成带负电荷的叶立德（ylide）内鎓盐催化芳香醛的缩合反应。由于氰化物有剧毒性，故本实验采用具有生物活性的辅酶维生素 B_1 为催化剂，在热水浴中反应制备安息香。

维生素 B_1 又称硫胺素，安全无毒，实验条件温和，催化产率较高，但需控制反应 pH 在 9~10 之间，反应温度也不宜过高。

三、仪器与试剂

【仪器】圆底烧瓶（100mL），烧杯（100mL），温度计（100℃），量筒（10mL，50mL），布氏漏斗，抽滤瓶，水泵，安全瓶，表面皿，玻璃棒，滤纸。

【试剂】苯甲醛，维生素 B_1，10% NaOH，95% 乙醇。

主要试剂、产物的物理常数和用量见表 5-16。

表 5-16　主要试剂、产物的物理常数和投料量

试剂 / 产物	分子量	投料量 /mL	物质的量 /mol	熔点 /℃	沸点 /℃	溶解度
苯甲醛	106.1	15	0.147	−26	179	微溶于水 易溶于乙醇
维生素 B_1	300.8	1.8	0.006	245		易溶于水
安息香	212.2			137	344	不溶于水 易溶于乙醇

四、实验步骤

1. 安息香的制备

（1）在 100mL 圆底烧瓶中加入 1.8g 维生素 B_1 和 4.0mL 蒸馏水，摇匀溶解后，再加入 95% 乙醇 15mL。将烧瓶放在冰浴中冷却，另取 10% NaOH 溶液于冰浴中冷却[1]。待二者冷却后，将 4.0mL 10% NaOH 溶液加至烧瓶中，并加入 15mL 新蒸馏的苯甲醛，将溶液的 pH 调节至 9~10[2]，充分振摇使反应液混合均匀。

（2）在烧瓶中加入 1~2 粒沸石，安装回流装置，于 60~75℃ 的水浴中继续加热并充分反应 90 分钟[3]。

（3）反应停止后，将反应液冷却至室温，再将烧瓶放在冰水浴中以加速结晶的析出。待结晶完全析出后，减压抽滤，用冷水洗涤结晶 2~3 次，抽干，即得安息香粗品[4]。

2. 安息香的纯化

（1）将安息香粗品转移至一个干净的小烧杯中，加入 30mL 95% 乙醇，加热至固体全部溶解。

（2）将烧杯停止加热，静置冷却，冰浴加速结晶。待结晶完全后减压抽滤，用冷水洗涤结晶 2~3 次，抽干，得精品[5]。

3. 计算产率　将提纯后的安息香置于表面皿上，烘干，称重并计算产率。理论产量 = 0.073 5 × 212.2=15.6g。

4. 结构鉴定

（1）安息香的熔点为 135~136℃。

（2）TLC 鉴定展开剂，石油醚：乙酸乙酯：冰乙酸 =10：3：0.5。

（3）^1H NMR 确证结构（图 5-15）。

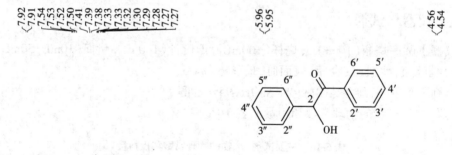

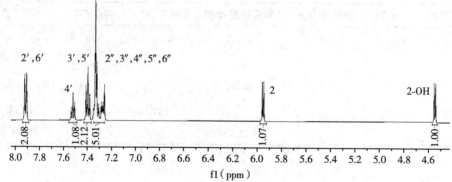

图 5-15　安息香的 ^1H NMR 谱图

完成本实验需 3~4 小时。

五、注解和实验指导

［1］此处 10% NaOH 溶液可提前冷却备用。

［2］调节 pH 时,应少量多次加入氢氧化钠溶液。溶液一定要摇匀,可用精密 pH 试纸代替广泛 pH 试纸测试,控制溶液的 pH 为 9.5 左右,此时溶液应呈橘黄色。

［3］反应温度不宜超过 80℃,不能加热至沸腾。

［4］若产物呈油状物析出,应重新加热使其呈均相,再慢慢冷却,重新结晶。

［5］若重结晶的精品颜色不纯,可用 30mL 95% 乙醇加热溶解,加入少量活性炭脱色。

六、医药用途

安息香可刺激呼吸道黏膜,增加其分泌,临床上可用于配制镇咳药和感冒药。安息香配剂也可用作吸入剂,用来减轻黏膜炎、喉炎、支气管炎等上呼吸道病症。

七、思考题

1. 为什么加入苯甲醛后,反应混合物的 pH 要保持在 9~10 之间?
2. 为什么苯甲醛要用新蒸馏的?

（李　蓉）

实验三十四　从茶叶中提取咖啡因
Experiment 34　Extraction of Caffeine from Tea

一、实验目的

1. 掌握从茶叶中提取咖啡因的原理和方法。
2. 熟悉提取、抽滤、蒸馏和升华等基本操作。
3. 了解咖啡因的性质和医学应用。

二、实验原理

茶叶中含有多种活性成分,常见的包括生物碱、茶多酚、单宁酸等。咖啡因是其中一种生物碱,在茶叶中的含量 1%~5%,属于杂环化合物嘌呤的衍生物,具有弱碱性。嘌呤及咖啡因的结构如下:

嘌呤　　　　　　　咖啡因(1,3,7-三甲基-2,6-二氧嘌呤)

含结晶水的咖啡因为无色针状结晶，味苦，能溶于水（2%）、乙醇（2%）、氯仿（12.6%）等溶剂。在 100℃时失去结晶水，并开始升华，120℃时升华显著，178℃时升华极快。无水咖啡因的熔点为 235~238℃。在植物中，咖啡因往往与有机酸等结合而以盐的形式存在。

固 - 液萃取是从天然产物中提取有效成分的常用方法。本实验以 95% 乙醇为溶剂，采用索氏提取器（脂肪提取器）或简单回流装置从茶叶中提取咖啡因，浓缩得到粗品，最后利用咖啡因易升华的性质进行提纯。

三、仪器与试剂

【仪器】圆底烧瓶（250mL），索氏提取器，常压蒸馏装置，温度计，量筒，玻璃漏斗，蒸发皿，电热套，酒精灯，布氏漏斗，抽滤瓶，真空泵，研钵，石棉网，玻璃棒，大头针。

【试剂】茶叶，95% 乙醇，生石灰。

四、实验步骤

1. 萃取、蒸馏　称取 4~5g 茶叶，按实验十的"固 - 液萃取"方法，用索氏提取器或普通回流装置提取，再用常压蒸馏对提取液进行浓缩，得到 5~6mL 浓缩液[1]。

2. 升华

（1）将浓缩液倾入蒸发皿中，均匀拌入 3~4g 生石灰粉末[2]，水蒸气浴上焙炒至干砂状，除尽水分[3]。冷却后将粘在蒸发皿边上的粉末用滤纸擦去，以免在升华过程中污染产物。

（2）在蒸发皿上盖上一张刺有许多小孔的圆滤纸[4]，再在滤纸上罩上干燥的玻璃漏斗，漏斗颈部塞上少许棉花以减少咖啡因蒸气逸出。在电热套上小心加热，使咖啡因升华。

（3）当漏斗内出现较多白烟时控制温度，以提高结晶纯度。到漏斗内出现棕色烟雾时，停止加热，冷却，轻轻取下漏斗和滤纸，仔细地用小刀片将附在滤纸上下方及漏斗内壁上的咖啡因晶体刮到称量纸上。

（4）残渣经搅拌后，再加热升华 1 次。合并 2 次升华收集的咖啡因，用电子天平称量质量，再除以茶叶质量得到产率。

3. 结构鉴定

（1）咖啡因的熔点为 235~238℃。

（2）TLC 鉴定展开剂，乙酸乙酯∶丙酮 =4∶1。

（3）^{1}H NMR 确证结构（图 5-16）。

完成本实验预计需要 4 小时。

五、注解和实验指导

［1］浓缩萃取液时不可蒸得太干，否则因残液很黏而难以转移，造成损失。残余物可用 1~2mL 乙醇洗涤，一并转移至蒸发皿。

［2］生石灰可除去萃取液中的水分及酸性物质，如浓缩液中的鞣酸（可与咖啡因成盐，使咖啡因不能够升华）、色素等。焙炒过程中均匀搅拌，防止局部过热引起沸溅。

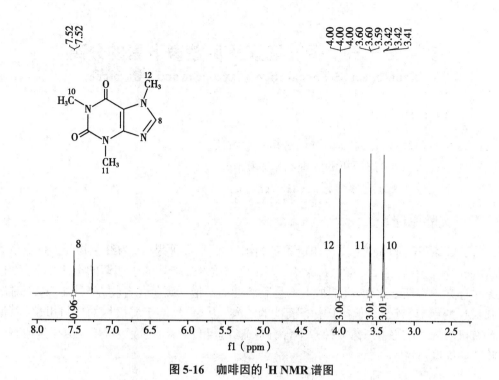

图 5-16　咖啡因的 ^{1}H NMR 谱图

［3］如留有水分,将会在下一步升华开始时产生一些雾气,影响观察,降低产品纯度。

［4］为方便操作,可先将漏斗口朝上,滤纸覆盖于漏斗上,小心将滤纸边缘向下弯折并用手箍紧,然后开始刺小孔。升华时滤纸空洞毛刺口向上,避免升华上来的物质再落到蒸发皿中。在萃取充分的情况下,升华操作是实验成败的关键,在升华过程中始终都要严格控制加热温度,温度过低无法升华,温度过高会使被烘焙物炭化,使产品不纯。可以用温度计控温。注意升华过程中不要开启漏斗。

六、医药用途

咖啡因能刺激中枢神经从而兴奋呼吸,临床上是早产儿呼吸暂停的一线治疗药物,还能改善呼吸系统疾病和神经发育预后。同时,咖啡因具有成瘾性,滥用会引起一系列与刺激神经系统(包括大脑)有关的症状。我国将咖啡因列为第二类精神药品进行管制。

七、思考题

1. 从茶叶中提取出的粗咖啡因呈绿色,为什么?
2. 哪些措施可以提高咖啡因提取的产率?

（李俊波）

实验三十五　番茄红素及 β- 胡萝卜素的分离

Experiment 35   Separation of Lycopene and β-Carotene

一、实验目的

1. 掌握番茄红素、β- 胡萝卜素的分离提取方法。
2. 熟悉柱层析、薄层层析的原理和基本操作。
3. 了解比色法测定色素含量的操作方法。

二、实验原理

番茄红素（lycopene）主要来源于番茄、南瓜、西瓜等瓜果类，为红色物质；β- 胡萝卜素（β-carotene）存在于黄、红色蔬菜中，为黄色物质。二者均属于四萜的类胡萝卜素，也是天然色素。番茄红素和 β- 胡萝卜素是脂溶性的不饱和碳氢化合物，极性小，因而难溶于强极性的甲醇、乙醇，可溶于中等极性的乙醚、丙酮，易溶于弱极性的二氯甲烷、石油醚等有机溶剂。市售番茄酱或辣椒中含有番茄红素和 β- 胡萝卜素，可用二氯甲烷或石油醚将它们提取出来。

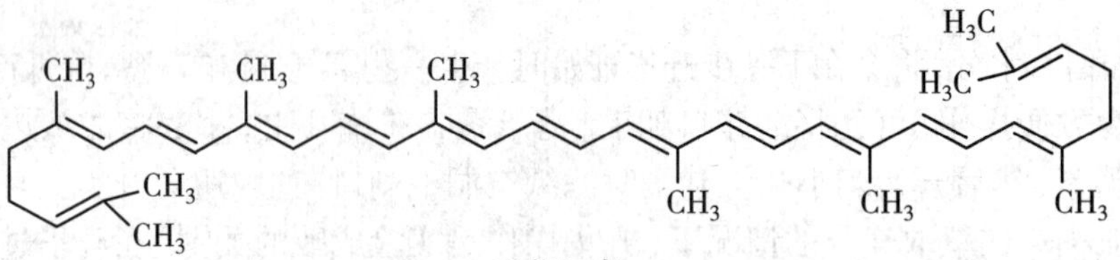

番茄红素

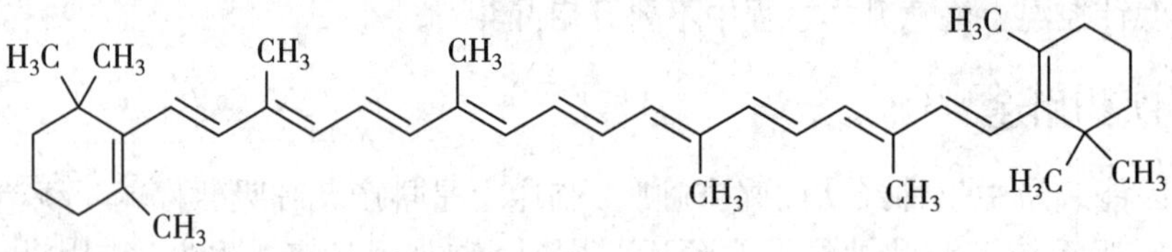

β-胡萝卜素

β- 胡萝卜素的极性略小于番茄红素，可利用柱层析分离技术进行分离。利用薄层层析法将分离得到的产物与番茄红素、β- 胡萝卜素的标准品进行比较，可检测分离效果。

番茄红素和 β- 胡萝卜素具有共轭多烯结构，番茄红素在 472nm 波长处有最大吸收峰，β-胡萝卜素在 450nm 波长处有最大吸收峰，可用比色分析法进行含量测定。

三、仪器与试剂

【仪器】圆底烧瓶，锥形瓶，球形冷凝管，漏斗，分液漏斗，普通蒸馏装置 1 套，层析柱（1.5cm×20cm、1cm×10cm），锥形瓶，吸管，载玻片（7.5cm×2.5cm×0.2cm），广口瓶或层析缸，容量瓶，吸量管，722 型分光光度计。

【试剂】番茄酱,95% 乙醇,二氯甲烷,饱和氯化钠溶液,无水硫酸钠,中性氧化铝(柱层析用),石油醚(60~90℃),苯,丙酮,硅胶 G,羧甲基纤维素钠溶液(10g·L^{-1}、1g CMC-Na 溶于 99mL 水中),β-胡萝卜素和番茄红素标准品。

主要试剂、产物的物理常数和用量见表 5-17。

表 5-17 主要试剂、产物的物理常数和用量

试剂/产物	分子量	熔点/℃	沸点/℃	溶解度	最大吸收峰/nm	外观性状
番茄红素	536.85	172~173	644.94	两者均不溶于水,溶于二氯甲烷、石油醚	451	深红色针状结晶
β-胡萝卜素	536.87	178~179	654.7 ± 22.0		472	暗红色粉末或晶体

四、实验步骤[1]

1. 番茄红素及 β-胡萝卜素的提取   称取 8g 番茄酱置于 100mL 圆底烧瓶中,加入 15mL 95% 乙醇,加热回流 3~5 分钟[2]。冷却后过滤[3]。将滤液倾至 125mL 锥形瓶中保存。将固体残渣连同滤纸放回原圆底烧瓶中,加入 15mL 二氯甲烷,回流 3~5 分钟,过滤。再用二氯甲烷萃取留在烧瓶中的残留物,每次 15mL,萃取 2 次。合并二氯甲烷,倾入 125mL 分液漏斗中,加入饱和氯化钠溶液加以振摇洗涤,每次 10mL,洗涤 2 次。静置,分去水层,二氯甲烷层用无水硫酸钠干燥[4]。在通风橱将干燥好的提取液蒸去溶剂至干[5],以备后续柱层析使用。

2. 番茄红素及 β-胡萝卜素柱层析分离   在 1.5cm × 20cm 层析柱的底部加上少量的砂,铺成 2~3mm 的薄砂层。称取 15g 氧化铝,加入 20mL 石油醚搅拌成浆状,以湿法技术装柱(参见实验十三"柱色谱")。

将已蒸去溶剂的提取物用 1mL 石油醚溶解,除预留几滴用于薄层层析外,其余用吸管转移至柱上,用石油醚作为洗脱液进行洗脱,黄色的 β-胡萝卜素应很快在柱中移动,红色的番茄红素移动较慢。弃去无色的洗脱液,收集黄色的洗脱液。当所有的 β-胡萝卜素从柱上除去后,改用 4∶1 的石油醚-丙酮进行洗脱,并收集洗脱出来的红色番茄红素。

3. 薄层层析   将粗提取物、提纯的 β-胡萝卜素和提纯的番茄红素用毛细管在同一块硅胶板上点样,用体积比为 9∶1 的石油醚-丙酮作为展开剂在广口瓶中展开,展开完毕后立即用铅笔将板上的展开剂前沿及斑点画出,并计算 R_f 值[6]。

4. β-胡萝卜素的比色分析   称取 5.00mg β-胡萝卜素的标准品,用二氯甲烷在 10mL 容量瓶中定容。取上述标准溶液,以一定量的石油醚稀释得 0.01g·L^{-1}、0.012 5g·L^{-1}、0.02g·L^{-1}、0.025g·L^{-1} 的标准系列[7],空白管为石油醚,分别于 450nm 波长处测定其吸光度,并作出标准曲线。在相同条件下测定 β-胡萝卜素洗脱液的吸光度,并由标准曲线查出洗脱液中 β-胡萝卜素的含量。

完成本实验需 4 小时。

五、注解和实验指导

[1] 提取流程

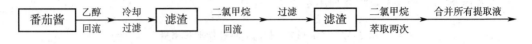

[2] 应使混合物缓慢沸腾,以免乙醇明显减少。

[3] 用刮刀将烧瓶中的内容物全部刮出,并将烧瓶完全沥干。过滤时用刮刀轻压漏斗上的半固体残渣,以便将液体全部压出。

[4] 也可将二氯甲烷层流经一个在颈部塞有疏松棉花塞且在上面铺有 1cm 厚的无水硫酸钠的漏斗。这样流动干燥的效果好于直接将无水硫酸钠加入盛放二氯甲烷的锥形瓶中。

[5] 二氯甲烷有一定的毒性,蒸馏时要注意通风良好。

[6] 类胡萝卜素这类高度不饱和的烃会迅速发生光化学氧化反应,在层析过程中它们受到溶剂蒸汽的保护作用,但从展开缸取出后,斑点可能会迅即消失,应立即用铅笔将板上的斑点圈出。

[7] 由于 β- 胡萝卜素的稳定性较差,亦可用重铬酸钾来代替 β- 胡萝卜素标准液使用,$0.2g \cdot L^{-1}$ 重铬酸钾标准液在波长 450nm 处的吸光值每毫升溶液相当于 1.24μg 的 β- 胡萝卜素。

六、医药用途

番茄红素是植物性食物中存在的一种类胡萝卜素,具有抗氧化、降低心血管疾病风险、减少核酸损伤和抑制肿瘤发生发展等多种功能。β- 胡萝卜素是自然界中最普遍存在也是最稳定的天然色素,是维生素 A 的前体,摄入人体后可转化成维生素 A。

七、思考题

1. 为何改用 4:1 的石油醚 - 丙酮洗脱番茄红素?
2. 试总结从植物材料中提取分离脂溶性色素的一般流程。

(赵　佳)

实验三十六　槐米中提取芸香苷

Experiment 36　Extraction of Rutin from Bud of Sophora Japonica

一、实验目的

1. 掌握回流、蒸馏、重结晶等基本操作。

2. 理解从槐米中提取芸香苷、精制芸香苷的原理和方法。

3. 了解芸香苷的主要性质。

二、实验原理

芸香苷（rutin）亦称芦丁、维生素 P，广泛存在于植物界，已发现含有芸香苷的植物有 70 种以上，其中以槐米、芸香、荞麦叶、蒲公英和烟叶中含量较多。本实验以槐米作为提取原料。

芸香苷属于黄酮类化合物，分子中有较多酚羟基，具有弱酸性，易溶于热碱，酸化后又析出，因此可以用碱提酸沉的方法提取，也可以利用芸香苷在冷、热乙醇中溶解度差异的特性进行提取。得到的粗品再根据其在冷、热水中溶解度相差较大的特性采用重结晶精制。

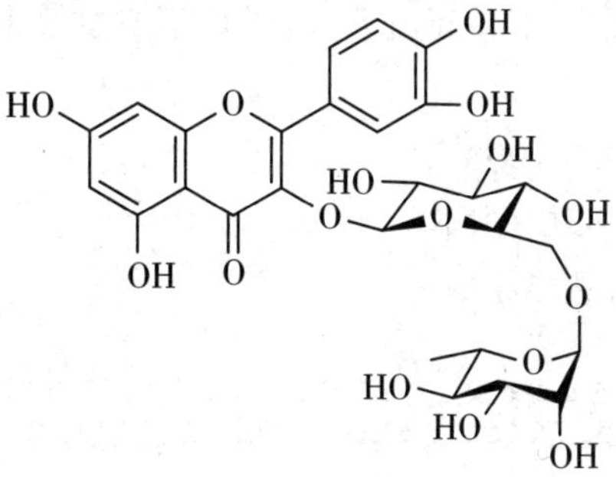

三、仪器与试剂

【仪器】圆底烧瓶（100mL），研钵，水浴锅，球形冷凝管，直形冷凝管，蒸馏头，温度计套管，温度计（100℃），接收管，旋转蒸发仪，锥形瓶，烧杯（100mL，50mL），量筒，布氏漏斗，抽滤瓶，水泵，安全瓶，表面皿，玻璃棒，玻璃漏斗，滤纸，pH 试纸，红外灯。

【试剂】槐米，0.4% 硼砂水溶液，2% 石灰乳，浓盐酸，70% 乙醇。

【物理常数】芸香苷：黄色粉末，分子式 $C_{27}H_{30}O_{16}$，分子量 610.1，熔点为 188~190℃。溶解度：易溶于热乙醇，可溶于冷乙醇、沸水，微溶于冷水、丙酮、乙酸乙酯，不溶于苯、乙醚、氯仿、石油醚。

四、实验步骤

1. 芸香苷的提取

【方法一：碱提酸沉法】

（1）称取 2.5g 槐米于研钵中，研磨成粉末状，然后将其置于 100mL 的烧杯中，加入 0.4% 硼砂溶液 40mL[1]，在搅拌下加入 2% 石灰乳[2]，使 pH 调至 8~9。水浴加热微沸 20 分钟（随时补充水分，维持 pH）。

（2）趁热过滤，滤液在 60~70℃下用浓盐酸调节 pH 至 3~4[3]，静置（或置于冰箱中）1~2 小时。

（3）待结晶完全析出后，减压过滤，用蒸馏水洗涤结晶 2~3 次，抽干，即得芸香苷粗品。

【方法二：乙醇提取法】

（1）称取 2.5g 槐米，置于 100mL 圆底烧瓶中，加入 70% 乙醇 40mL，加热回流提取 30 分钟。趁热过滤，残渣再加入 15mL 70% 乙醇，提取回流 15 分钟，趁热过滤。

（2）合并两次滤液，用普通蒸馏法浓缩（或用旋转蒸发仪减压浓缩），并回收乙醇。待烧瓶内剩余 2~3mL 残液时，停止蒸馏，冷却后析出固体。

（3）待固体完全析出后，减压抽滤，用蒸馏水洗涤结晶 2~3 次，抽干，得到芸香苷粗品。

2. 芸香苷的精制

（1）将粗品置于 50mL 烧杯中，加入适量蒸馏水（1∶200），加热煮沸溶解，趁热过滤。

（2）滤液静置，充分冷却，析出芸香苷晶体，减压过滤，用蒸馏水洗涤结晶 2~3 次，抽干，得到芸香苷精品。

3. 计算提取率　将精品置于表面皿上，红外灯下或烘箱中干燥。称重并计算提取率。

4. 结构鉴定

（1）芸香苷的熔点为 188~190℃。

（2）TLC 鉴定展开剂，氯仿∶甲醇∶甲酸 =15∶5∶1。

（3）^{1}H NMR 确证结构（图 5-17）。

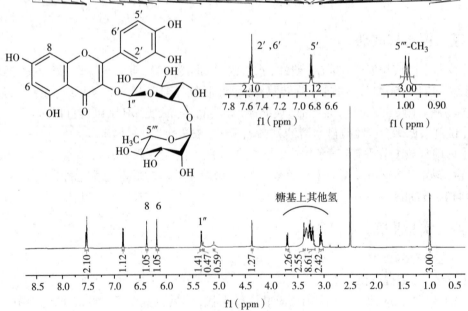

图 5-17　芸香苷的 ^{1}H NMR 谱图

完成本实验需 3~4 小时。

五、注解和实验指导

[1] 硼砂有调节溶液 pH 的作用，同时可以与芸香苷分子中的邻二酚羟基发生络合，

既保护了邻二酚羟基不被氧化破坏,又避免了邻二酚羟基与钙离子络合,使芸香苷不受损失,提高收率。

〔2〕加入石灰乳既可以达到溶解提取芸香苷的目的,又可以除去槐米中含有的大量多糖黏液质。但 pH 不能过高,否则芸香苷会被水解破坏,降低收率。

〔3〕pH 不宜过低,否则芸香苷也生成锌盐而溶于水,降低收率。

六、医药用途

芸香苷具有降低毛细血管通透性和脆性的作用,保持及恢复毛细血管的正常弹性,临床上用于脑出血、高血压、视网膜出血、紫癜等的防治。此外,芸香苷对皮肤有较好的抗辐射、抗自由基作用,对紫外线和 X 线具有极强的吸收作用,可以用作天然防晒剂。

七、思考题

1. 用碱提酸沉法提取芸香苷的原理是什么? 为什么控制碱的浓度?
2. 用碱提酸沉法提取芸香苷,为什么加入硼砂水溶液?

(马小盼)

实验三十七　绿色叶中色素的提取和分离

Experiment 37　Extraction and Separation of Pigments from Green Leaves

一、实验目的

1. 掌握柱层析的分离操作。
2. 了解天然产物的提取、分离方法。

二、实验原理

绿色植物的叶子中含有胡萝卜素、叶绿素和叶黄素等色素,可在提取后用氧化铝柱层析将它们分离。

胡萝卜素($C_{40}H_{56}$)是具有长链结构的共轭多烯,根据双键数目将其分为 α- 胡萝卜素、β- 胡萝卜素和 γ- 胡萝卜素。

叶绿素是二氢卟酚色素,是植物光合作用的催化剂,植物中主要有叶绿素 a($C_{55}H_{72}O_5N_4Mg$)和叶绿素 b($C_{55}H_{70}O_6N_4Mg$)两种。叶绿素 a 呈蓝绿色,叶绿素 b 呈黄绿色。

叶黄素($C_{40}H_{56}O_2$)是胡萝卜素的氧化物,光、热稳定性差,呈鲜艳黄色。

这些色素都不溶于水,易溶于石油醚、二氯甲烷、乙醇等有机溶剂。

三、仪器与试剂

【仪器】天平,漏斗,研钵,滤纸,玻璃棒,滴管,脱脂棉,药匙,铁架台,铁环,分液漏斗,量筒,锥形瓶,烧杯,层析柱,试管,茄形瓶,旋转蒸发仪,循环水式真空泵。

【试剂】新鲜菠菜叶,石英砂,中性氧化铝(80~100 目),蒸馏水,丙酮,石油醚,95%乙醇,饱和氯化钠溶液,无水硫酸钠。

四、实验步骤

1. 提取色素

（1）称取约 10g 新鲜菠菜叶，剪碎置于研钵中，加入 50mL 丙酮及少量石英砂研磨。

（2）过滤，滤液倒入分液漏斗，用石油醚萃取 2 次，每次 25mL。

（3）石油醚层（上层）用饱和 NaCl 溶液洗涤 2 次，每次 25mL。

（4）石油醚层（上层）倒入具塞锥形瓶中，加入少量无水 Na_2SO_4，加塞、振摇后静置 5 分钟。

（5）将石油醚萃取液转入茄形瓶中，使用旋转蒸发仪将温度控制 35℃以下，减压浓缩液体至 10mL 左右，过滤，得到色素提取液。

2. 装柱

（1）取一根干燥清洁的层析柱（内径约 1cm，有效长度约 20cm），将少量脱脂棉滑入层析柱底部，用细长玻璃棒紧压棉球[1]，使其在层析柱底端铺平。加入少量石英砂，再加入石油醚至柱 1/3 高度。

（2）称取适量 80~100 目中性氧化铝于烧杯中，加入适量石油醚，搅拌均匀，迅速倒入层析柱中。打开下端活塞阀门，使石油醚匀速流出，轻敲色谱柱，让氧化铝均匀沉降，保证沉降的氧化铝层中没有裂痕和气泡。待氧化铝加入至层析柱顶端 2~3cm 处，停止，关闭下端活塞[2]，静置至氧化铝不再沉降。

（3）在氧化铝上面装入厚度为 5mm 左右的经酸洗的石英砂，打开活塞，放出多余石油醚，至液体高于石英砂层 2~3cm 为止[3]。

3. 加样

（1）开启活塞，使柱内液面略低于石英砂层，随后关闭活塞。吸取色素提取液约 1mL，靠近层析柱内壁表面缓慢均匀加入。

（2）加样完毕后，打开活塞，待样品液面略低于石英砂层，靠近层析柱内壁表面缓慢均匀加入少量石油醚，继续流至刚好与石英砂层相切，反复 2 次以确保样品完全进入吸附剂层。

4. 洗脱、分离

（1）层析柱上端装上储液球，于储液球中加入石油醚，开始洗脱。

（2）吸附剂层将出现可见光下橙黄色色带，并随着洗脱剂从上到下移动，当橙黄色色带移动至吸附剂层高度一半时，更换为石油醚：丙酮 =9：1 的洗脱剂继续洗脱，用 100mL 锥形瓶分段收集各色带洗脱液。当橙黄色色带继续移动至色谱柱底端时，用试管收集整条色带（色带 1）。

（3）接收完毕后，更换为石油醚：丙酮 =1：1 的洗脱剂继续洗脱，吸附剂层将出现可见光下黄绿色色带，并随着洗脱剂从上到下移动，并逐渐分开为一条绿色（色带 2）、一条黄绿色色带（色带 3）。当绿色色带继续移动至色谱柱底端时，收集整条色带；当黄绿色色带继续移动至色谱柱底端时，收集整条色带。

（4）接收完毕后更换为石油醚：丙酮 =1：9 的洗脱剂继续洗脱，吸附剂层将出现第 4 条黄色色带，并随着洗脱剂从上到下移动。当黄色色带继续移动至色谱柱底端时，收集整条色带（色带 4）。洗脱流程见图 5-18。

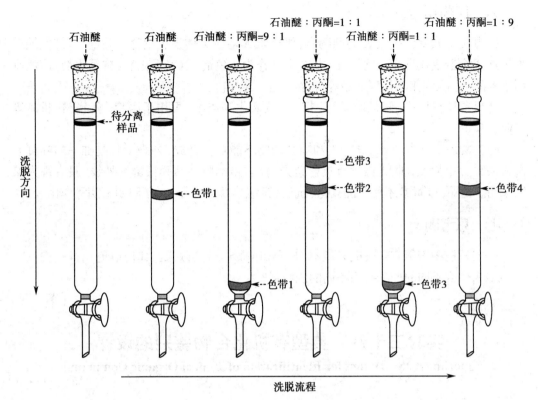

图 5-18　洗脱流程示意图

各色带收集的对应化合物见表 5-18。

表 5-18　收集的色带对应化合物

色带编号	颜色	对应化合物
色带 1	橙黄色	β- 胡萝卜素（β-carotene）
色带 2	绿色	叶绿素 a（chlorophyll a）
色带 3	黄绿色	叶绿素 b（chlorophyll b）
色带 4	黄色	叶黄素（lutein）

实验完毕，倒出柱中的氧化铝，并将柱洗净，倒立于铁架台上晾干。

完成本实验预计需要 3 小时。

五、注解和实验指导

［1］如实验选择的层析柱底部带有砂芯，则不需加棉花。

［2］在氧化铝完全沉降前，要不停地轻叩层析柱，这样可使柱上端氧化铝表面形成一个平整的水平面。如时间允许，应将收集到的溶剂在柱内反复循环几次以保证沉降完全并保证柱被装得很紧。溶剂往下流动有助于使吸附剂挤紧。

［3］已装好的柱子必须保持一定的液面，以免溶剂挥发导致干柱，影响分离效果。

六、医药用途

β- 胡萝卜素是维生素 A 的源物质,维生素 A 对于人体视觉发育至关重要,严重缺乏维生素 A 会造成夜盲症。此外,β- 胡萝卜素作为着色剂、营养强化剂、抗氧化剂,广泛应用于食品、化妆品、医药、保健品等行业。

叶绿素具有抗癌、降低胆固醇、抑菌、抗氧化等作用,可用于医疗、食品、化妆品等行业。

叶黄素是一种类胡萝卜素,人和哺乳动物不能自行合成,外来食物是唯一的叶黄素摄入来源。叶黄素吸收光谱含有近蓝紫光,能够帮助眼视网膜抵御紫外线,具有视力保护作用。此外,叶黄素还具有抗氧化、抗癌、延缓早期动脉硬化、预防糖尿病等作用。

七、思考题

1. 层析柱中若留有空气或装填不均,会如何影响分离效果?如何避免?
2. 为什么不同的样品要用不同的洗脱剂?

(葛　利)

实验三十八　典型有机化合物鉴别的设计
Experiment 38　Design for Identification of Typical Organic Compounds

一、实验目的

1. 结合理论教材,复习巩固各类有机化合物中典型官能团的主要化学性质。
2. 掌握有机化合物鉴别的基本操作技能,提升设计、查阅资料等综合能力。
3. 初步学会利用各类官能团的特征反应进行典型化合物鉴别设计的方法。

二、实验原理

有机化合物的官能团决定其化学性质,当用某些试剂与有机物反应时,不同官能团的有机物会产生特征反应;鉴别即是根据化合物的特征反应来确定所含官能团,进而确定化合物种类并加以区分。在做鉴别设计时需要注意,并不是化合物的所有化学性质都可以用于鉴别,须具备一定的条件:

(1)化学反应中有颜色变化、气体产生等现象。
(2)化学反应过程中伴随着明显的温度变化(放热或吸热)。
(3)反应产物有沉淀生成或反应过程中有沉淀溶解、产物分层等。

常见有机化合物特征反应可参考理论教材或本实验教材实验十六到实验十八的相关内容。

三、设计内容

请分别设计一个下列各组物质的鉴别方案。

A 组:松节油(主要成分为 α- 蒎烯和 β- 蒎烯)、环己烷、苄氯。

B 组：乙醇、乙醛、丙酮、乙酰乙酸乙酯。

C 组：葡萄糖、果糖、淀粉、蔗糖。

设计方案要求：查阅各有机化合物的理化常数，分析各组内化合物化学性质的显著差异，参考可供选择的试剂来设计鉴别方法，画出鉴别流程图，预测实验现象和结果，写出最终鉴别方案；方案经指导教师审阅确定后，在一节课内鉴别出各组有机化合物。

四、可用试剂

Fehling 或 Tollens 试剂、Br_2 水、Br_2/CCl_4 溶液、$FeCl_3$ 溶液、I_2-NaOH 溶液、I_2-KI 溶液、2,4- 二硝基苯肼、Na_2CO_3 溶液、$KMnO_4/H^+$ 溶液、Lucas 试剂、$CuSO_4$ 溶液、NaOH 溶液、$AgNO_3/C_2H_5OH$ 溶液、水合茚三酮溶液、蒸馏水等。

五、注意事项

1. 本实验中部分化学试剂是有毒的或有刺激性气味，实验中应做好通风等防护措施。

2. 实验时应注意易燃易爆物试剂，易燃、易挥发的液体不要与明火接触，如环己烷、丙酮、乙醇等。

3. 有腐蚀作用的试剂应注意不要与皮肤接触。

4. 实验过程中应做好记录，贴好标签；实验的废弃液体不能乱倒。

六、实验方案设计举例

以设计鉴别乙醇、正丙醇、苯酚、苄氯和乙酸为例。

1. 化合物特征性化学性质分析

（1）乙醇：能氧化成甲基酮结构，可发生碘仿反应，生成具有特殊臭味的淡黄色晶体。因此，可使用次碘酸钠（碘加氢氧化钠）来鉴别具有甲基酮结构的醛酮或能氧化成甲基酮结构的醇类，此反应也为《中国药典》鉴别乙醇的方法。

$$\underset{\substack{|\\OH}}{H_3C-CH-H(R)} \xrightarrow{NaIO} \underset{\substack{\|\\O}}{H_3C-C-H(R)} \xrightarrow{NaIO} CHI_3\downarrow + (R)HCOONa$$

（2）正丙醇：与乙醇相比多了一个甲亚基，因此其氧化产物为丙醛，只有 2 个 α 氢，不能发生碘仿反应。

（3）苯酚：具有酚羟基或烯醇式结构的有机化合物能与三氯化铁发生显色反应：

$$6ArOH + FeCl_3 \longrightarrow [Fe(OAr)_6]_3^- + 3H^+ + 3HCl$$

此反应可用作酚的定性鉴别。

（4）苄氯：属卤代烯丙型分子，其与硝酸银的醇溶液发生亲核取代反应时形成的碳正离子中间体存在 p-π 共轭效应，内能降低，非常稳定，因此该反应容易发生，且生成白色的氯化银沉淀，可作为鉴别该化合物的依据。

（5）乙酸：作为有机酸类化合物，其酸性大于无机碳酸、酚和醇类化合物，故能与碳酸反应放出二氧化碳，以此作为特征反应进行鉴别。

$$CH_3COOH + NaHCO_3 \longrightarrow CH_3COONa + H_2O + CO_2\uparrow$$

2. 化合物鉴别方案流程图

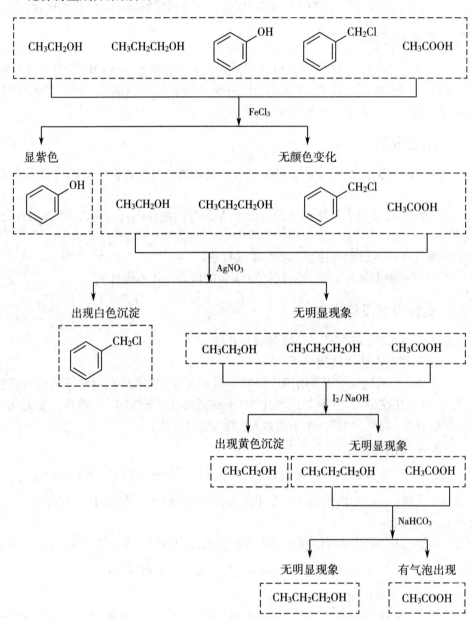

3. 化合物鉴别操作方法

第一步：取 5 支干燥的试管，各加入一种待鉴别样品 0.5mL，再分别加入 1% 三氯化铁水溶液 3 滴，观察现象。

预测现象：一支试管出现紫色，鉴别为苯酚；其余试管无变色现象。

第二步：取 4 支干燥的试管各加入 1mL 硝酸银乙醇溶液，再分别加入剩余待鉴别样品2~3滴,振荡后静置5分钟,观察现象。

预测现象:一支试管出现白色沉淀,鉴别为苄氯;其余试管无明显现象。

第三步:取3支干燥的试管各加入5滴剩余待鉴别样品溶液,再各加入1mL碘-碘化钾溶液(或1%碘-碘化钾试液),然后分别加入5%氢氧化钠溶液至反应混合物的颜色褪去为止并在50~60℃水浴中温热几分钟,观察现象。

预测现象:一支试管出现黄色沉淀,鉴别为乙醇;其余试管无沉淀生成。

第四步:取2支干燥的试管各加入1mL剩余待鉴别样品溶液,再分别加入0.5mL碳酸氢钠水溶液,观察现象。

预测现象:一支试管出现气泡,鉴别为乙酸;另一支试管中无气泡生成,鉴别其中的样品为正丙醇。

七、医药用途

对乙酰氨基酚具有解热镇痛作用,可用于缓解普通感冒或流行性感冒引起的高热以及缓解轻至中度的疼痛症状。其结构中具有酚羟基,可与三氯化铁反应生成蓝紫色的配位化合物,以此进行鉴别与分析。

八、思考题

1. 实验室中常用水杨酸(邻羟基苯甲酸)和乙酸酐在酸性条件下反应制备阿司匹林,如何检验反应产物中是否含有未反应完全的水杨酸?

2. 如何通过简单的化学方法鉴别区分丙醛、丙酮、丙醇和异丙醇?

(钟海艺)

实验三十九　贝诺酯的合成
Experiment 39　Synthesis of Benorilate

一、实验目的

1. 掌握中英文文献的查阅方法。
2. 熟悉有机化合物合成的设计方法。
3. 了解拼合原理在化学结构修饰方面的应用。

二、实验原理

贝诺酯为白色结晶或结晶性粉末,无臭无味。不溶于水,微溶于乙醇,溶于氯仿、丙酮。其化学名称是2-乙酰氧基苯甲酸-乙酰胺基苯酯,结构式为:

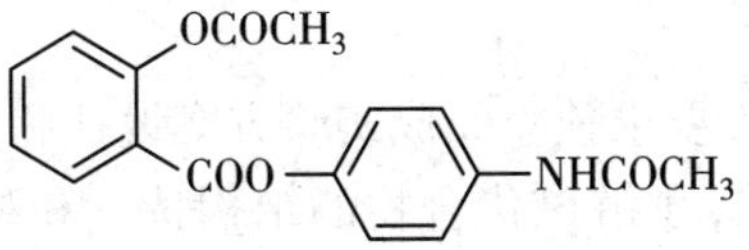

贝诺酯是一种解热镇痛抗炎药,是由阿司匹林和对乙酰氨基酚经拼合原理制成,既保留了原药的解热镇痛功能,又减小了原药的毒副作用,并有协同作用。

国内外文献报道该药有多种合成方法：

方法 1：以阿司匹林、对乙酰氨基酚为原料，经酰化、成盐、成酯合成法。实验需要约 7 小时。

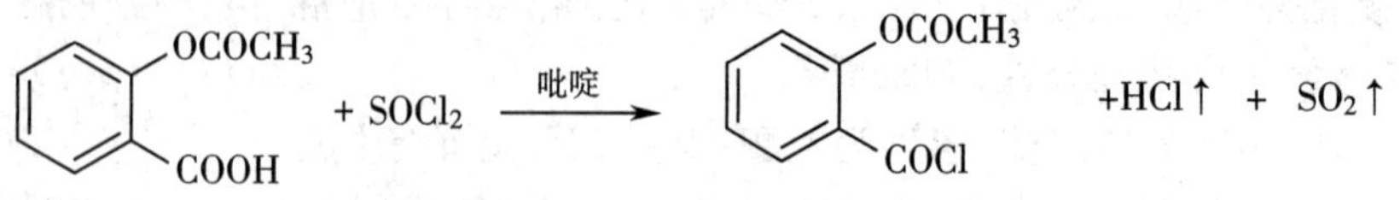

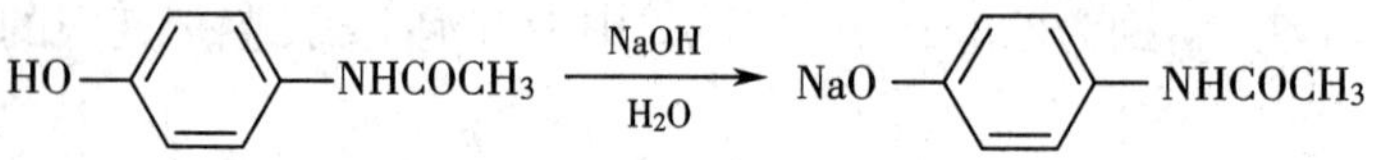

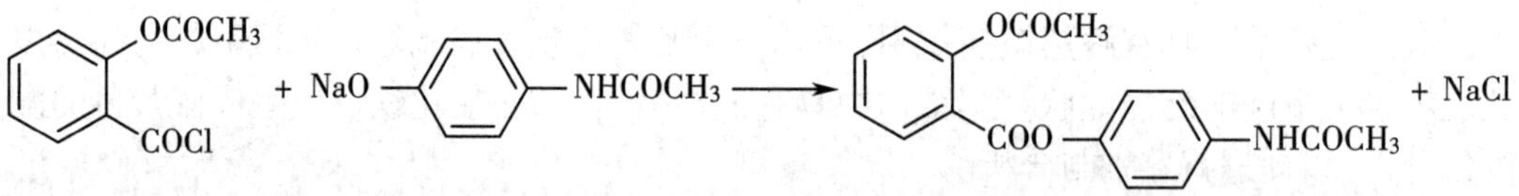

方法 2：以阿司匹林、对乙酰氨基酚为原料直接合成法。实验需要约 10 小时。式中，DCC 是酯化、酰胺化等反应常用的一种脱水剂 N，N'- 二环己基碳二亚胺，THF 是常用溶剂四氢呋喃。

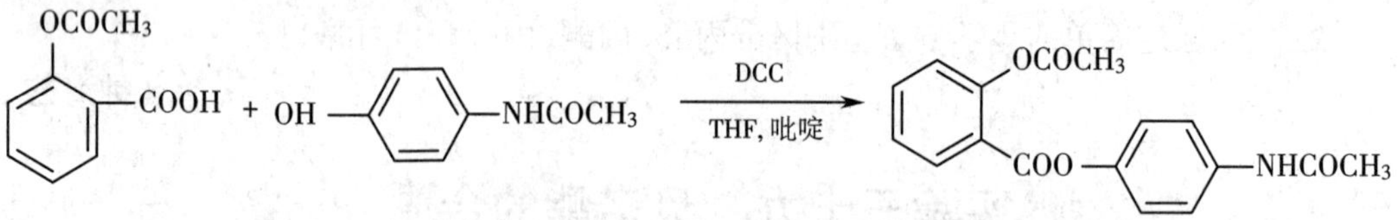

方法 3：乙酰水杨酸酐两步合成法。实验需要约 12 小时。

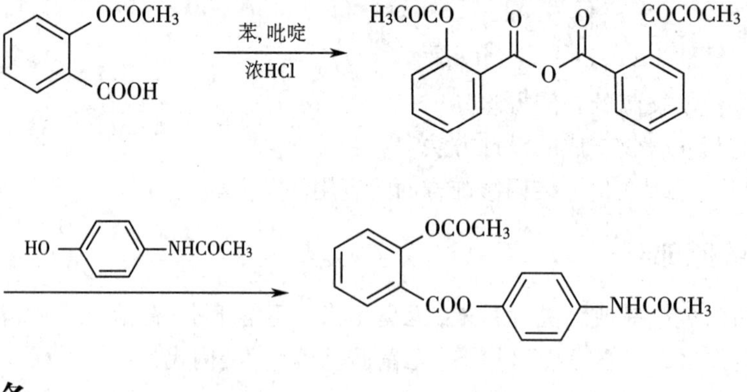

三、任务

1. 本实验为设计性实验，要求独立完成实验方案设计和实验操作。

2. 通过查阅资料和文献，了解该化合物的结构特征和相关性质，设计合成路线，完成实验方案设计。

3. 实验方案经教师审阅通过后方可进行操作。

4. 结构鉴定

（1）贝诺酯的熔点为 174~178℃。

（2）TLC 鉴定展开剂，石油醚：乙酸乙酯 =5：1。

（3）^{1}H NMR 确证结构（图 5-19）。

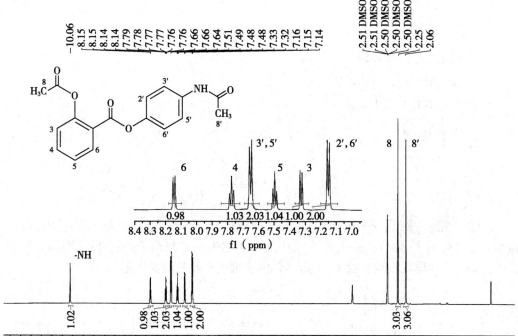

图 5-19　贝诺酯的 ^{1}H NMR 谱图

四、注解和实验指导

　　［1］尽可能多地查阅相关资料和文献，比较各合成路线的优缺点，结合本校实验室所提供的仪器和试剂，制定出合适的合成路线。

　　［2］实验过程如需涉及无水反应、尾气吸收等实验技术，请参见第二章实验内容。

五、医药用途

　　贝诺酯口服后，经酯酶作用释放出阿司匹林和对乙酰氨基酚而产生药效，不良反应小，患者易于耐受。临床上主要用于类风湿关节炎、急慢性风湿性关节炎、风湿痛、感冒、发热、头痛、神经痛及术后疼痛等的治疗。

六、思考题

　　1. 有些制备方案为什么先制备对乙酰氨基酚钠，再与乙酰水杨酰氯进行酯化，而不直接酯化？

2. 废气处理的方法有哪些?

(叶高杰)

实验四十   乙酸异戊酯的制备

Experiment 40   Preparation of Isopentyl Acetate

一、实验目的

1. 掌握酯化反应的原理。
2. 掌握蒸馏纯化有机物的方法。
3. 掌握分水器的使用方法。

二、实验原理

乙酸异戊酯常用的制备方法是在浓硫酸的催化下乙酸与异戊醇反应。反应中乙酸的羰基氧先被质子化,形成羰基正离子,随后异戊醇羟基上的氧原子亲核进攻羰基碳,形成正四面体的中间体。再经过脱水,氢离子消除生成终产物乙酸异戊酯。

三、仪器与试剂

【仪器】圆底烧瓶(100mL),烧杯(15mL),分水器,球形冷凝管,磁力加热搅拌器,油浴,搅拌子,温度计(200℃)。

【试剂】异戊醇,冰乙酸,浓硫酸,5% 碳酸氢钠溶液,饱和氯化钠水溶液。

主要试剂、产物的物理常数和用量见表 5-19。

表 5-19   主要试剂、产物的物理常数和用量

试剂 / 产物	分子量	投料量 /g	物质的量 /mol	熔点 /℃	沸点 /℃	溶解度
异戊醇	88.2	4.8	0.055	−117	131	微溶于水
冰乙酸	60.1	4.2	0.070	16.6	117.9	可溶于水
乙酸异戊酯	130.2			−78	142	微溶于水

四、实验步骤

1. 乙酸异戊酯的制备

（1）在 100mL 圆底烧瓶中，加入 6mL 异戊醇、4mL 冰乙酸、0.6mL 浓硫酸、25mL 环己烷和搅拌子。在烧瓶上依次装上分水器、回流冷凝管。

（2）将烧瓶放入油浴中搅拌、加热回流。由于环己烷与反应中生成的水形成二元最低恒沸物，因此，反应中生成的水不断被环己烷从反应混合液中带出，经冷凝后聚集在分水器下层。当不再有水生成时停止回流，共分出 1.0~1.5mL 水（大约需 1~1.5 小时）。

2. 乙酸异戊酯的纯化

（1）将反应液倒入分液漏斗中，用 25mL 水洗 1 次，再用 5% 碳酸氢钠水溶液洗至中性，最后用 5mL 饱和氯化钠水溶液洗 1 次，无水硫酸镁干燥。

（2）将干燥后的环己烷溶液进行蒸馏，先收集环己烷，然后收集产物 138~142℃ 的馏分，称量。

3. 计算产率　该实验中冰乙酸过量，故以异戊醇为标准计算理论产量，理论产量 = 0.055 × 88.2=4.9g。

4. 结构鉴定

（1）乙酸异戊酯的沸点为 142℃。

（2）^{1}H NMR 确证结构（图 5-20）。

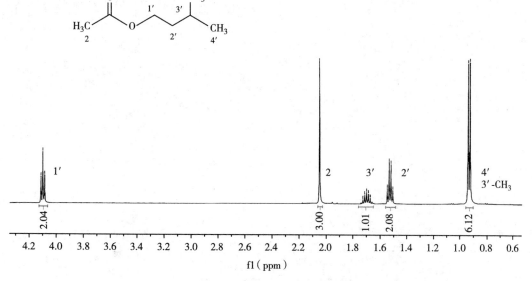

图 5-20　乙酸异戊酯的 ^{1}H NMR 谱图

五、医药用途

乙酸异戊酯的溶解能力较强,是一种毒性较低、气味温和的有机溶剂,可用于替代一些高沸点溶剂,例如丙二醇甲醚乙酸、乙二醇乙醚乙酸等。它也可以用于制备药物制剂以改善药物的溶解性,还可以作为抗生素、抗肿瘤药等药物的合成原料。

六、思考题

1. 分水器的原理及作用是什么?
2. 用5%碳酸氢钠溶液洗涤产物的作用是什么?

（何小燕）

第六章　有机化学经典实验操作（英文版）

Experiment 41　Atmospheric Distillation and Boiling Point Determination

1. Purpose

1.1　To become proficient in the techniques of atmospheric distillation and determination of boiling points of liquids.

1.2　To gain a thorough understanding of the principles involved in atmospheric distillation and boiling point determination.

1.3　To appreciate the practical applications of atmospheric distillation and boiling point determination.

2. Principles

Distillation is a process that involves heating a liquid until it vaporizes and then condensing the resulting vapor back into a liquid form. This method is widely used to separate different components of a mixture of liquids based on the differences of their vapor pressures, and it is the most common way to separate and purify liquid organic compounds. Several types of distillation can be carried out and these include atmospheric, vacuum, steam, and fractional distillation techniques.

The boiling point of a liquid is the temperature at which its saturated vapor pressure becomes the same as that of the ambient air pressure. It is considered one of the most important physical constants of compounds, and the purity of a liquid organic substance can be preliminarily determined by measuring its boiling point. However, the same liquid may have different boiling points at different pressures. The boiling point of a pure liquid organic compound is fixed within a range of 0.5℃ to 1℃ at a given pressure, while that of an impure liquid organic compound can vary significantly and has a wide range at which boiling occurs. Therefore, the boiling point can be used to quantify and roughly determine the purity of liquid compounds. However, it should be noted that a liquid with a fixed boiling point is not necessarily a pure substance. In particular, some azeotropic mixtures also have fixed boiling points. For example, the mixture of ethanol (95.6%) and water (4.4%), and ethyl acetate (69.4%) and ethanol (30.6%) have boiling points of 78.2℃ and 71.8℃, respectively (the boiling point of pure ethanol is 78℃).

Atmospheric distillation is capable of separating volatile liquids and non-volatile substances, as well as separating two or more liquid mixtures with a large difference in boiling points (at least 30℃ or more). This process can also be used to concentrate solutions and recover solvents. The solution can be concentrated to achieve the recovery of the solvent by this way.

The conventional method of determining the boiling point by distillation involves using a sample of more than 10mL of the liquid and it is suitable for both pure and impure liquids. The boiling point determination can also be performed by using the trace method, which will not be detailed in this chapter. In the conventional method, the same apparatus used for distillation can be used for boiling point determination. If a liquid compound is impure, its boiling point cannot be accurately determined, and the liquid must be purified before its boiling point is measured.

3. Apparatus and reagents

Apparatus: A round bottom flask (either 50mL or 100mL), distillation head, thermowell, thermometer (100℃), condenser, receiving flask (round bottom or Erlenmeyer flask), water bath, alcohol lamp or other heat sources, iron stand, flask clamp, and condenser clamp are required.

Reagents: 95% ethanol, zeolite.

4. Procedure

Atmospheric distillation typically requires at least 10mL liquid. Before installing the distillation apparatus, choose the appropriate size of distillation flask according to the amount of liquid to be distilled. The volume of the liquid being distilled should generally be between one-and two-thirds of the volume of the flask. Install the atmospheric distillation apparatus in the following order: heat source (either a water bath, oil bath or electric heating jacket), round bottom flask, distillation head, thermowell, thermometer (100℃), condenser, receiving flask (round bottom flask or Erlenmeyer flask) and water bath. The installation sequence should start from the bottom and progress from left to right, as shown in Figure 6-1[1]. Slowly add the solution (95% ethanol is used in this experiment) to the distillation flask through the funnel, making sure that the amount of liquid added does not exceed two-thirds of the flask's capacity. Care should be taken not to allow the liquid to flow out from the branch pipe. Then add 2 to 3 grains of zeolite[2] and install the sleeve with a thermometer. Feed water into the condenser inlet pipe[3], with the water entering from the lower port and flowing out from the upper port. Check that all components are tightly assembled and properly vented to the atmosphere (in order to prevent possible explosions to occur within a closed system). Check the accuracy and tightness of the apparatus[4] before proceeding to heat the solution[5].

When starting to heat the solution, increase the temperature slightly and pay attention to the phenomenon in the distillation flask and the changes observed on the thermometer. When the liquid in the flask begins to boil, and the vapor front reaches the thermometer, and the reading will increase sharply reflecting the temperature increase. The heat source should be adjusted to produce the distillate at a rate of 1~2 drops per second. When the temperature stabilizes, the receiving flask should be replaced, and the corresponding temperature recorded. If the temperature exceeds the boiling range, the receiving fraction should be stopped[6] and the temperature recorded. The smaller the boiling range, the purer the product being distilled. At the end of the experiment, first stop the heating, then turn off the water, measure the volume of the distillate collected and pour it into the receiver. Finally, the instrument should be disassembled. The order of disassembly of the apparatus should be the reverse of that for assembling it.

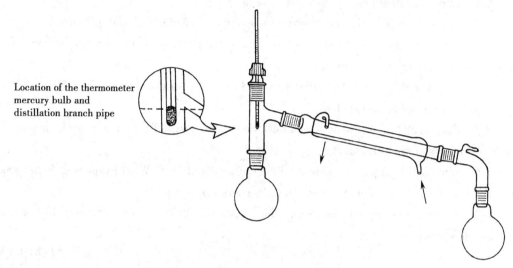

Location of the thermometer mercury bulb and distillation branch pipe

Figure 6-1　Atmospheric distillation apparatus

The selection of the condenser may vary depending on the boiling point of the distillate. If this is higher than 140℃, an air condenser should be used to avoid a large temperature difference between the inside and outside of the condenser, which may cause the nozzle to break easily. When the boiling point of the distillate is below 140℃, a water-cooling condenser should be used.

This experiment takes approximately 1 hour to complete.

5. Notes and guidance

［1］The apparatus should be installed horizontally and vertically, and the iron stand should be placed neatly behind the apparatus.

［2］To avoid overheating and excessive wiping during distillation, zeolite should be added to center of the evaporation (zeolite is usually available as unglazed broken pieces of porcelain). If the zeolite was not initially added to the liquid before the start of the distillation process, the heating should be turned off and the liquid should be cooled to below the boiling point before it is added. If a liquid must be re-distilled, then new zeolite should be added.

［3］The flow rate of the condensate should be adjusted to ensure complete condensation of the vapor. Generally, a slow flow rate of water is sufficient.

［4］All the connections within the distillation apparatus should be tight, and the device should be vented to the atmosphere to prevent potential explosions in a closed system.

［5］When distilling volatile and flammable liquids (such as ether or ethanol), avoid heating these over an open flame to avoid fire hazards. A water bath is suitable for liquids with boiling points below 80℃.

[6] The liquid in the distillation flask should never be completely evaporated off to prevent accidents.

6. Questions

6.1   Why can a distillation system not be sealed?

6.2   Can a liquid that has a constant boiling point be considered a pure substance?

6.3   What is meant by the boiling point? What is the relationship between the boiling point of a liquid and atmospheric pressure?

6.4   Why should the ideal distillation speed be 1~2 drops of distillate per second? Not being too fast, and not being too slow.

6.5   How much liquid is usually in a flask during the distillation process? What happens if there is too much or too little fluid?

6.6   What is the purpose of adding zeolite during distillation? What happens if zeolite was not added before the distillation process? How do we treat used zeolite?

6.7   What is the typical position of the mercury bulb in the thermometer during the distillation process?

（谭相端）

Experiment 42   Preparation of Ethyl Acetate

1. Purpose

1.1   To demonstrate the principles of the esterification reaction.

1.2   To demonstrate the organic chemistry techniques of reflux, distillation, extraction and drying of liquid organic compounds.

1.3   To understand the separation and purification methods and principles of organic compounds.

2. Principles

Ethyl acetate is prepared by esterification of glacial acetic acid and anhydrous ethanol. This reaction is catalyzed by concentrated sulfuric acid:

$$CH_3COOH + C_2H_5OH \xrightleftharpoons{Concn . H_2SO_4} CH_3COOC_2H_5 + H_2O$$

The reaction is reversible, and the hydrogen ions can be ionized by sulfuric acid, which promotes the reaction ratio. To increase the yield, the experiment should be performed by adding excess ethanol and continuously steaming the esters and water produced during the reaction.

3. Apparatus and reagents

Apparatus: Measuring cylinder (either 10mL or 50mL), magnetic stirrer, magnetic stirrer bar, water bath, round bottom flask (100mL), spherical condenser tube, drying tube, distillation head, straight condenser tube, liquid receiving tube, conical flask (100mL), thermometer, liquid separation funnel, and beaker (250mL).

Reagents: Anhydrous ethanol, glacial acetic acid, concentrated sulfuric acid, saturated sodium carbonate solution, saturated sodium chloride solution, saturated calcium chloride solution and anhydrous magnesium sulfate(or anhydrous sodium sulfate).

The physical constants and dosages of the main reagents and products are presented in table 6-1.

Table 6-1　The physical constants and dosages of the main reagents and products

Reagents/Products	Molecular weight	Inventory/ mL	Molar mass/mol	b.p/°C	Specific weight (d_4^{20})	Solubility
Glacial acetic acid	60.05	12	0.21	118	1.049	Soluble in water
Anhydrous ethanol	46.07	20	0.34	78.4	0.789 3	Soluble in water
Ethyl acetate	88.12			77.1	0.900 5	Slightly soluble in water

4. Procedure

4.1　Synthesis

（1）Add anhydrous ethanol(20mL, 0.34mol) and acetic acid(12mL, 0.21mol) into a 100mL round bottom flask, followed by slowly adding 5mL concentrated sulfuric acid and a magnetic stirrer bar while stirring. Connect the spherical condenser tube and the drying tube in sequence at the top of the flask. Stir the reaction mixture under reflux in a water bath for 30min.

（2）Stop the heating and change the reflux unit to a distillation unit when it is slightly cooler. The distillation apparatus should then be heated on a water bath until no distillate vaporizes out, get the crude product.

4.2　Purification

In addition to ethyl acetate, the crude products contain water and small amounts of non-reactive acetic acid, ethanol and other byproducts that must be removed by refining.

（1）Slowly add the saturated sodium carbonate solution to the distillate[1], shaking the mixture until the organic layer is neutral. This can be judged by using pH paper.

（2）Transfer the mixed liquid into a liquid separation funnel, and after sufficient shaking, drain off the water phase of the bottom layer.

（3）The upper layer is then washed with saturated sodium chloride solution(2 × 10mL)[2], and then saturated calcium chloride solution(2 × 5mL)[3], respectively.

（4）Pour the organic layer into a dry conical flask and add about 2g of anhydrous magnesium sulfate[4]. Swirl the solution and let it stand while observing and monitoring the drying agent. Then, leave the mixture to stand for about 10min, the solids should be removed by filtration.

（5）Distillation and collection of the different fractions at 74~78°C. Weigh the products obtained and calculate the yield of the reaction.

4.3　Yield

There is an excess of anhydrous ethanol in this reaction, so the amount of glacial acetic acid added must be used to calculate the theoretical yield of ethyl acetate.

Theoretical yield in this experiment: $0.21 \times 88.12 = 18.5$ g.

4.4　Structural identification

（1）The boiling point of pure ethyl acetate is 77.06 ℃.

（2）The refractive index（n_D^{20}）of pure ethyl acetate is 1.372 3.

This experiment takes approximately 4 hours to complete.

5. Notes and guidance

[1] Unreacted acetic acid can be removed with sodium carbonate solution.

[2] The purpose of washing with saturated sodium chloride is to reduce the solubility of ethyl acetate in water and to remove any residual sodium carbonate from the previous wash.

[3] Saturated calcium chloride solution can remove the trace amounts of ethanol from the distillate, thus avoiding reducing yield by the formation of an azeotrope between ethanol, ethyl acetate and water（table 6-2）.

Table 6-2　Composition and boiling point of the azeotrope by using
ethyl acetate with either ethanol or water

b.p/℃	Percentage of Ethyl acetate/%	Percentage of Ethanol/%	Percentage of Water/%
70.2	82.6	8.4	9.0
70.4	91.9		8.1
71.8	69.0	31.0	

[4] Anhydrous magnesium sulfate is added to absorb all the water and to dry the product.

6. Questions

6.1　What are the characteristics of the esterification reaction? In this experiment, how can we increase the efficiency of the esterification reaction?

6.2　In the purification process, what are the purposes of using saturated sodium carbonate solution, sodium chloride solution, calcium chloride solution and anhydrous magnesium sulfate to remove what impurities respectively?

6.3　Why was the crude product washed with saturated calcium chloride and dried with anhydrous magnesium sulfate before distillation?

（张彤鑫）

Experiment 43　Preparation of Acetylsalicylic Acid

1. Purpose

1.1　To demonstrate the principles of acetylation.

1.2　To elucidate the method for recrystallization of purified solid organics.

1.3　To understand the method for identifying phenolic compounds.

1.4　To set out the method for the purification of carboxylic acid compounds by using acids.

2. Principles

The usual way to prepare acetylsalicylic acid（ASA）is to start with salicylic acid（SA）and acetic anhydride（AA, overdose about 1 equivalent）and to proceed using concentrated sulfuric acid as a catalyst. The products obtained result from the substitution of the hydrogen in the phenolic hydroxyl group by that of the acetyl group. In this reaction, AA is used as both an acylation agent and a solvent.

Because of the presence of both hydroxyl and carboxyl groups in one molecule, ASA, they have a tendency to form an intermolecular hydrogen bond. The purpose of adding concentrated sulfuric acid is to break this hydrogen bond and allow a smooth acetylation to proceed.

After the acetylation reaction is completed, addition of water degrades the AA into water-soluble acetic acid to obtain crude ASA. Then the crude product must be purified.

3. Apparatus and reagents

Apparatus：conical flasks（15mL and 100mL）, beakers（100mL and 250mL）, thermometer（100℃）, measuring cylinders（10mL and 50mL）, Buchner funnel, suction flask, water pump, safety bottle, surface dish, glass rod, filter paper, infrared lamp and tiller tube.

Reagents：SA, AA, concentrated sulfuric acid, 95% alcohol, saturated sodium bicarbonate solution, concentrated hydrochloric acid, and $10g \cdot L^{-1}$ ferric trichloride.

The physical constants and dosages of the main reagents and products are presented in table 6-3.

Table 6-3　The physical constants and dosages of the main reagents and products

Reagents/ Products	Molecular weight	Inventory/g	Molar mass/ mol	m.p/℃	b.p/℃	Solubility
SA	138.1	3	0.022	159		Insoluble in water
AA	102.1	5	0.045	−73	140	Soluble in alcohol
ASA	180.2			135 （unstable）		Insoluble in water and soluble in alcohol

4. Procedure

4.1　Synthesis

（1）Add SA（3g, 0.022mol）, AA（5mL, 0.045mol）and concentrated sulfuric acid

（5 drops）to a 100mL dry conical flask. Shake the mixture gently in a water bath at 75-80℃ [1]. Continue to stir for 10 minutes at this temperature after the solid particles have dissolved.

（2）When the reaction is complete, cool to room temperature, then add 30mL water, stir and place the mixture into an ice-water bath, which will accelerate the precipitation of the crude ASA.

（3）When the compound has crystallized completely, it should undergo vacuum filtration. Wash 2-3 times with water and drain to obtain crude crystals of ASA.

（4）Perform operation 4.3 to test purity.

4.2　Purification

Method 1: purification by using carboxylic acid

（1）Place the crude ASA into a beaker, then add saturated sodium carbonate solution while stirring, and keep stirring for a few minutes until no carbon dioxide gas is released.

（2）Vacuum filter the mixture and use 5-10mL distilled water to wash the funnel. This procedure is optional if the solid compound is dissolved with the saturated sodium carbonate.

（3）Transfer the filtrate into the beaker and add diluted hydrochloric acid（5mL hydrochloric acid+10mL water）while stirring. When ASA precipitates, vacuum filter the mixture and wash the solid 2-3 times to obtain the purified product.

（4）Repeat step 4.3 to check the purity.

Method 2: recrystallization by using a mixture of solvents [2]

（1）Transfer the crude ASA into a clean beaker and place it in a 75-80℃ water bath. Then add the exact amount of 95% alcohol to dissolve the solid（approximately 4-7mL）[3].

（2）Add 40mL water and if precipitate forms, heat until it is dissolved（add a little 95% alcohol if necessary）. Put the solution into an ice-bath to crystallize.

（3）After crystallization, vacuum filter and wash the crystals 2-3 times with distilled water and drain to obtain the purified product.

（4）Perform step 4.3 to test purity.

4.3　Purity test

Dissolve a small sample of the substance in 95% ethanol（10 drops）, add 1 or 2 drops of 1% ferric chloride solution to the mixture, and observe the change in color. If there is no change in color, this means the sample is pure. However, if the color turns purple, then the sample is impure.

4.4　Yield

Dry the pure ASA under an infrared lamp. Please take care because the compound is unstable when exposed to infrared radiation from the lamp. There is an excess of AA in this reaction, so the quantity of SA must be used to calculate the theoretical yield of ASA.

Theoretical yield in this experiment: $0.022 \times 180.2 = 3.96g$.

$$\text{Actual yield} = \frac{\text{Actual yield(g)}}{\text{Theoretical yield(g)}} \times 100\%$$

4.5　Structural identification

（1）The melting point of pure ASA is 135~136℃.

（2）The developing solvents for TLC identification, petroleum ether：ethyl acetate：acetic acid in the ratio of 40：10：1.

This experiment takes approximately 3 hours to complete.

5. Notes and guidance

［1］The specific order of the steps helps to avoid producing polymers. The reaction temperature should not be too high, otherwise side reactions will occur. For example, it is possible to obtain salicyloyl SA.

［2］For the principle and method of recrystallization by mixed solvent, see Experiment 11 Recrystallization in Chapter 3.

［3］If any insoluble substances or turbidity remains in the solution after boiling, it should be filtered before proceeding to the next step. Before filtration, the filter paper must be moistened with a warm alcoholic solution.

6. Medical applications

ASA is commonly known as aspirin. It is a mild analgesic-antipyretic drug. Aspirin is a cyclooxygenase inhibitor with strong anti-inflammatory and anti-rheumatic effects. In addition, aspirin also promotes uric acid excretion, inhibits platelet aggregation, and prevents blood clots. In the clinic, it can be used to prevent and treat general pain, headaches, fever, rheumatoid arthritis, gout, and cardiovascular disease.

7. Questions

7.1　How is ASA synthesized?

7.2　When we synthesize ASA, why should the conical flask be dry?

7.3　What is the acylation reaction? Please state the common acylating agents used?

7.4　Please describe the principle and method for recrystallization of mixed solvents.

7.5　What impurities might a crude acetyl salicylate preparation contain? How can these impurities be removed?

（吴　峥）

Experiment 44　Extraction of Caffeine from Tea

1. Purpose

1.1　To master the principles and method of extracting caffeine from tea.

1.2　To familiarize with basic operations such as extraction, suction filtration, distillation, and sublimation.

1.3　To understand the nature and medical applications of caffeine.

2. Principles

Tea contains a variety of active ingredients, including alkaloids, tea polyphenols and tannic acid. Caffeine is one of the alkaloids and tea contains approximately 1% to 5%. It is a derivative of a hybrid purine compound and is a weakly alkaline. The chemical structures of purine and caffeine are:

Purine　　　　　　　　　Caffeine (1,3,7-trimethyl-2,6-dioxpurine)

Caffeine containing crystal water is a colorless needle crystal and bitter in taste. It is soluble in water (2%), ethanol (2%), chloroform (12.6%) and many other solvents. It loses its crystal water at 100℃ and begins to sublimate, and the sublimation phenomenon is significant at 120℃ and extremely fast at 178℃. The melting point of anhydrous caffeine is 235~238℃. In plants, caffeine is often found combined with organic acids and other substances in order to exist in the form of salt.

Solid-liquid extraction is a method which is commonly used for extracting natural products from naturally occurring substances. In this experiment, 95% ethanol was used as the solvent, and caffeine was extracted from tea by using either a Soxhlet extractor or a simple reflux device. The crude product was then concentrated and purified by using the natural property of caffeine, which is easy to sublimate.

3. Apparatus and reagents

Apparatus: 250mL round bottom flask, Soxhlet extractor, atmospheric distillation apparatus, thermometer, measuring cylinder, glass funnel, evaporating dish, electric heating plate, alcohol lamp, Buchner funnel, suction flask, vacuum pump, mortar, asbestos net, glass rod, and pin.

Reagents: tea, 95% ethanol, filter paper, quicklime, and absorbent cotton.

4. Procedure

4.1　Extraction and distillation

Weigh 4~5g of tea leaves and extract with either a Soxhlet extractor or an ordinary reflux device according to the solid-liquid extraction method outlined in experiment 10. Then concentrate the resultant product by using atmospheric distillation to obtain 5~6mL of concentrated liquid[1].

4.2　Sublimation

(1) Pour the concentrated liquid into an evaporating dish, mix it in 3~4g of lime powder[2] and stir-fry the water steam bath to dry sand which will remove the moisture[3]. After cooling, wipe the powder around the edge of the evaporating dish with a filter paper to avoid contamination of the products during the sublimation process.

(2) Cover the powdered sample in the evaporating dish with a round filter paper which had been punctured to have many small holes[4], and then cover this with a dry glass funnel. A small

piece of cotton should be placed on the neck of the funnel to reduce the loss of vaporized caffeine. Carefully heat the evaporating dish on an electric heating plate to sublimate the caffeine.

（3）The temperature should be controlled so that white smoke appears in the funnel and this will ensure the crystals produced are pure. When brown smoke appears in the funnel, heating should be stopped and the plate must be cooled. The funnel and filter paper must be gently removed and carefully scrape the caffeine crystal attached to the filter paper. The caffeine attached to the inner wall of the funnel should also be scraped off.

（4）After stirring the residue, it should be heated once again. Merge all the collected caffeine and weigh it using an electronic balance. Calculate the production rate of caffeine from tea by using the formula：

$$\text{Percentage of caffeine} = \frac{\text{The weight of caffeine}}{\text{The weight of tea}} \times 100\%$$

4.3　Structure identification

The reported melting point of caffeine is 235~238℃.

This experiment takes approximately 4 hours to complete.

5. Notes and guidance

[1] When concentrating the extract, do not steam it too dry, otherwise the residue will become very sticky and difficult to transfer, causing a loss of the product. The residue can be washed with 1~2mL of ethanol and transferred to the evaporating dish.

[2] Quicklime is used to remove the water in the extract, and it can also absorb acidic substances, such as tannic acid in the concentrated liquid. This can form a salt with the caffeine, so that it cannot sublimate. Stir the contents evenly during the heating process in order to prevent local overheating and splashing.

[3] If there is moisture, this will form some smoke at the beginning of the next step of sublimation. This can affect observation of the process and pollute the vessel thereby affecting the purity of the product.

[4] For convenience of the operation, first place the mouth of the funnel upwards and cover the funnel with filter paper. Then carefully bend the edge of the filter paper down and tighten it with your hands, and then start to pierce small holes in the middle area. During sublimation, the holes and burrs on the filter paper should be faced upwards to prevent the sublimated substances from falling into the evaporating dish. In the case of sufficient extraction and reflux, the sublimation process is the key to the success of the experiment. During this procedure, the heating temperature must always be strictly controlled. If the temperature is too high, the heated product will be carbonized, and some colored substances will be lost, rendering the eventual product impure. At the same time, care should be taken so as not to open the funnel during the sublimation process.

6. Medical applications

Caffeine can stimulate the central nervous system, thereby causing an increase in rhythmic breathing. Clinically it is a first-line drug for premature babies who experience respiratory apnea, and it can also improve respiratory diseases and neurological development. It must be remembered that caffeine is an addictive drug, and abuse can cause a series of symptoms related to stimulating the nervous system. Therefore, caffeine is listed as a psychoactive drug for management in many countries including China.

7. Questions

7.1   The crude caffeine extracted from tea is green. Why?

7.2   What steps can be taken to increase the yield of caffeine extraction?

（李俊波）

附　　录

附录1　常用的显色剂及使用方法

硫酸乙醇

检测物质：广谱。

配制方法：①5% 浓硫酸 - 乙醇或乙酸酐溶液；②浓硫酸与甲醇或乙醇等体积混合；③15% 浓硫酸 - 正丁醇溶液。

显色方法：将薄层板吹干溶剂后浸入溶液液面，取出后吸净溶液，加热至110℃即显色，颜色有多种。

碘

检测物质：不饱和或者芳香族化合物。

配制方法：在100mL广口瓶中，加入10g碘粒、30g硅胶，混匀放置24小时后即可。

显色方法：将薄层板吹干溶剂后放进碘缸1分钟即显色，有时取出后加点水可增加显色的灵敏性，一般显黄棕色。

硫酸铈

检测物质：生物碱。

配制方法：10% 硫酸铈(Ⅳ)+15% 硫酸的水溶液。

显色方法：将薄层板吹干溶剂后浸入溶液液面，取出后吸净溶液，加热至110℃，8分钟显色，颜色有多种。

氯化铁

检测物质：苯酚类化合物。

配制方法：1% $FeCl_3$+50% 乙醇水溶液。

显色方法：将薄层板吹干溶剂后浸入溶液液面，取出后吸净溶液后即可显色。酚类呈蓝色或绿色，羟酰胺酸呈红色。

茚三酮

检测物质：氨基酸。

配制方法：1.5g 茚三酮 +100mL 正丁醇 +3.0mL 乙酸。

显色方法：将薄层板吹干溶剂后浸入溶液液面，取出后吸净溶液，加热至110℃，显蓝紫色。

二硝基苯肼(DNP)

检测物质：醛和酮。

配制方法：12g 二硝基苯肼 +60mL 浓硫酸 +80mL 水 +200mL 乙醇。

显色方法：将薄层板吹干溶剂后浸入溶液液面，取出后吸净溶液后即可显色。饱和酮立即呈蓝色；饱和醛反应慢，呈橄榄绿色。不饱和羰基化合物不显色。

香草醛（香兰素）

检测物质：广谱。

配制方法：15g 香草醛 +250mL 乙醇 +2.5mL 浓硫酸。

显色方法：将薄层板吹干溶剂后浸入溶液液面，取出后吸净溶液，加热至 110℃，颜色有多种。

高锰酸钾

检测物质：含还原性基团化合物，如羟基、氨基、醛基等。

配制方法：1.5g $KMnO_4$+10g K_2CO_3+1.25mL 10%NaOH+200mL 水；保质期 3 个月。

显色方法：将薄层板吹干溶剂后浸入溶液液面，取出后吸净溶液，加热，薄层板背景为浅红色，还原性物质显蓝绿色斑点，如果斑点太浓，可能显深黄色。

溴甲酚绿

检测物质：羧酸，pKa≤5.0。

配制方法：在 100mL 乙醇中，加入 0.04g 溴甲酚绿，缓慢滴加 0.1mol/L 的 NaOH 水溶液，刚好出现蓝色即止。

显色方法：将薄层板吹干溶剂后浸入溶液液面，取出后吸净溶液，加热至 110℃。薄层板背景为蓝绿色，羧酸类物质显黄色至橙色。

茴香醛（对甲氧基苯甲醛）1

检测物质：广谱。

配制方法：135g 乙醇 +5mL 浓硫酸 +1.5mL 冰乙酸 +3.7mL 茴香醛，剧烈搅拌，使混合均匀。

显色方法：将薄层板吹干溶剂后浸入溶液液面，取出后吸净溶液，加热至 120℃，颜色有多种。

茴香醛（对甲氧基苯甲醛）2

检测物质：萜烯，桉树脑（cineoles），醉茄内酯（withanolides），山油柑碱（acronycine）。

配制方法：茴香醛：$HClO_4$：丙酮：水（1∶10∶20∶80）。

显色方法：将薄层板吹干溶剂后浸入溶液液面，取出后吸净溶液，加热至 120℃，颜色有多种。

磷钼酸（PMA）

检测物质：广谱。

配制方法：10g 磷钼酸 +100mL 乙醇。

显色方法：将薄层板吹干溶剂后浸入溶液液面，取出后吸净溶液，加热至 120℃有蓝色出现。

附录2　有机化学实验中常见的缩写词

缩写	英文	中文	缩写	英文	中文
Ac	acetyl	乙酰基	MS	mass spectrometry	质谱
anh	anhydrous	无水的	MW	molecular weight	分子质量
aq	aqueous	水溶液	*n-*	normal chain	正、直链
Ar	aryl	芳基	NMR	nuclear magnetic resonance	核磁共振
atm	atmosphere	大气压	*o-*	ortho	邻（位）
bp	boiling point	沸点	*p-*	para	对（位）
Bu	butyl	丁基	Ph	phenyl	苯基
Concn	concentrated	浓的	Pr	propyl	丙基
Et	ethyl	乙基	py	pyridine	吡啶
GC	gas chromatography	气相色谱	sol	solution	溶液、溶解
i-	iso	异	sulf	sulfuric acid	硫酸
IR	infra-red	红外	sym	symmetrical	对称的
m-	meta	间（位）	*t-*	tertiary	叔，第三的
Me	methyl	甲基	TLC	thin layer chromatography	薄层色谱
mL	milliliter	毫升	vac	vacuum	真空

附录3　常用有机溶剂混溶表

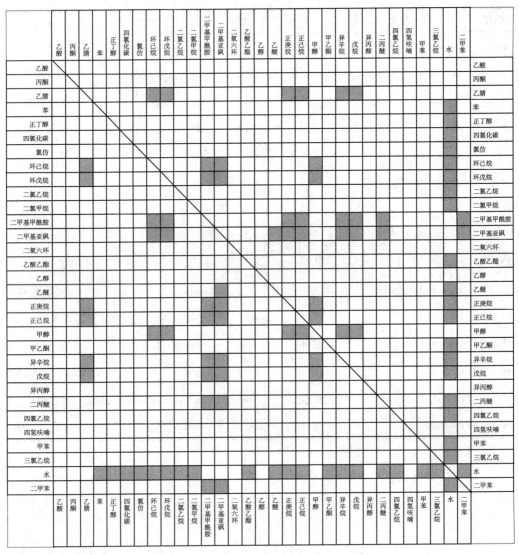

□ 可互溶　■ 不互溶

附录4　部分有机溶剂常用理化参数表

有机溶剂名称	相对极性	沸点 /°C	密度 (d_4^{20})	折光率 (n_D^{20})	黏度
石油醚 (petroleum ether)	0.01	60~90	0.64	1.363	0.03
正己烷 (n-hexane)	0.06	69	0.659	1.375	0.33
环己烷 (cyclohexane)	0.1	81	0.779	1.426	1
环戊烷 (cyclopentane)	0.2	49	0.751	1.405	0.47
正庚烷 (n-heptane)	0.2	98	0.684	1.387	0.41
丁基氯 (butyl chloride)	1	78	0.991	1.436	0.46
四氯化碳 (carbon tetrachloride)	1.6	77	1.595	1.460	0.97
甲苯 (toluene)	2.4	111	0.866 9	1.496	0.59
氯苯 (chlorobenzene)	2.7	132	1.11	1.524	0.8
乙醚 (ethyl ether)	2.9	35	0.714 3	1.353	0.23
苯 (benzene)	3	80	0.873 72	1.501	0.65
异丁醇 (isobutyl alcohol)	3	108	0.802	1.397	4.7
二氯甲烷 (methylene chloride)	3.4	40	1.325	1.424	0.44
正丁醇 (n-butanol)	3.7	117	0.809 7	1.399	2.95
乙酸丁酯 (n-butyl acetate)	4	126	0.88	1.394	
丙醇 (n-propanol)	4	98	0.804	1.384	2.27
甲基异丁酮 (methyl isobutyl ketone)	4.2	119	0.801	1.395	
四氢呋喃 (tetrahydrofuran)	4.2	66	0.889 2	1.407	0.55
乙酸乙酯 (ethyl acetate)	4.30	77	0.900 6	1.372	0.45
异丙醇 (i-propanol)	4.3	82	0.785	1.377	2.37
氯仿 (chloroform)	4.4	61	1.489 0	1.445	0.57
甲基乙基酮 (methyl ethyl ketone)	4.5	80	0.805	1.379	0.43
二氧六环 (dioxane)	4.8	102	1.033 7	1.422	1.54
吡啶 (pyridine)	5.3	115	0.983 1	1.509	0.97
丙酮 (acetone)	5.4	57	0.790 5	1.359	0.32
硝基甲烷 (nitromethane)	6	101	1.127	1.382	0.67
乙酸 (acetic acid)	6.2	118	1.049	1.371	1.28
乙腈 (acetonitrile)	6.2	82	0.783	1.344	0.37
苯胺 (aniline)	6.3	184	1.022	1.586	4.4
二甲基甲酰胺 (dimethyl formamide)	6.4	153	0.943 9	1.430	0.92
甲醇 (methanol)	6.6	65	0.791 5	1.329	0.6
乙二醇 (ethylene glycol)	6.9	197	1.116	1.431	19.9
二甲亚砜 (dimethyl sulfoxide, DMSO)	7.2	189	1.095 8	1.479	2.24
水 (water)	10.2	100	1	1.34	1

附录 5　常见共沸混合物的组成和共沸点

组分名称	沸点 /℃		组成 /%			20℃时两层相对体积	相对密度
	组分	共沸物	共沸物	上层	下层		
氯仿	61.2	56.3	97.0	0.8	99.8	4.4	1.004
水	100.0		3.0	99.2	0.2	95.6	1.491
四氯化碳	76.8	66.8	95.9	0.03	99.97	6.4	1.000
水	100.0		4.1	99.97	0.03	93.6	1.597
苯	80.1	69.4	91.1	99.94	0.07	92.0	0.880
水	100.0		8.9	0.06	99.93	8.0	0.999
二氯乙烷	83.5	71.6	91.8	0.8	99.8	10	1.002
水	100.0		8.2	99.2	0.2	90	1.254
乙腈	82.0	76.5	83.7				0.818
水	100.0		16.3				
乙醇	78.5	78.2	95.6				0.804
水	100.0		4.4				
乙酸乙酯	77.1	70.4	91.9	96.7	8.7	95.0	0.907
水	100.0		8.1	3.3	91.3	5.0	0.777
异丙醇	82.4	80.4	87.8				0.818
水	100.0		12.2				
甲苯	110.6	85.0	79.8	99.95	0.06	82.0	0.868
水	100.0		20.2	0.05	99.94	18.0	1.000
正丙醇	97.2	89.1	28.3	97.0	39.0	43.0	
水	100.0			3.0	61.0	57.0	
异丁醇	108.4	89.9	70.0	85.0	8.7	82.3	0.833
水	100.0		30.0	15.0	91.3	17.7	0.988
二甲苯	139.1	94.5	60.0	99.95	0.05	63.4	0.868
水	100.0		40.0	0.05	99.95	36.6	1.000
正丁醇	117.7	93.0	55.5	79.9	7.7	71.5	0.849
水	100.0		44.5	20.1	92.3	28.5	0.990
吡啶	115.5	92.5	57.0				1.010
水	100.0		43.0				
异戊醇	115.6	91.5	65.0	90.1	5.5	74.0	0.833
水	100.0		35.0	9.9	94.5	26.0	0.992

组分名称	沸点 /℃		组成 /%			20℃时两层相对体积	相对密度
	组分	共沸物	共沸物	上层	下层		
正戊醇	138.0	95.4	54.0				0.848
水	100.0		46.0				
氯乙醇	129	97.8	42.3				1.098
水	100.0		57.7				
环己烷	81.4	64.9	69.5				
乙醇	78.5		30.5				
氯仿	61.2	59.4	93.0				1.403
乙醇	78.5		7.0				
乙酸乙酯	77.2	62.1	51.4				0.846
甲醇	64.7		48.6				
甲苯	110.6	105.6	73.0				0.846
正丁醇	117.7		27.0				
环己烷	81.4	79.8	90.0				0.701
正丁醇	117.7		10.0				
苯	80.1	80.1	98.0				0.882
乙酸	118.1		2.0				
甲苯	110.6	105.4	72.0				0.905
乙酸	118.1		28.0				
氯仿	61.2	52.3	90.5	32.0	83.0	3.0	1.022
甲醇	64.7		8.2	41.0	14.0	97.0	1.399
水	100.0		1.3	27.0	3.0		
环己烷	80.75	62.60	75.5				
乙醇	78.5		19.7				
水	100.0		4.8				
苯	80.1	64.86	74.1	86.0	4.8		0.866
乙醇	78.5		18.5	12.7	52.1		0.892
水	100.0		7.4	1.3	43.1		
甲苯	110.6	74.4	51.0	81.3	24.5	46.5	0.849
乙醇	78.5		37.0	15.6	54.8	53.5	0.855
水	100.0		12.0	3.1	20.7		
氯仿	61.2	55.3	94.2	1.0	95.8	6.2	0.976
乙醇	78.5		3.5	18.2	3.7	93.8	1.441
水	100.0		2.3	80.8	0.5		

续表

组分名称	沸点 /℃		组成 /%			20℃时两层相对体积	相对密度
	组分	共沸物	共沸物	上层	下层		
四氯化碳	76.8	61.8	85.5	7.0	94.8		0.935
乙醇	78.5		10	48.5	5.2		1.519
水	100.0		4.5	44.5	<0.1		
乙酸乙酯	77.1	70.2	82.6				0.901
乙醇	78.5		8.4				
水	100.0		9.0				
氯仿	61.2	57.5	47.0				
丙酮	56.2		30.0				
甲醇	64.7		23.0				
环己烷	81.4	51.5	40.5				
丙酮	56.2		43.5				
甲醇	64.7		16.0				
乙酸丁酯	126.5	90.7	63.0	86.0	1.0	75.5	0.874
正丁醇	117.7		8.0	11.0	2.0	24.5	0.997
水	100.0		29.0	3.0	97.0		

（谢集照）

思考题参考答案

实验一　熔点的测定

1. 将两种白色粉末物质混合后测定熔点，如果熔点没有降低，熔程没有变宽，则这两种白色粉末应该是同一物质；如果熔点降低，熔程变宽则不是同一物质。

2. 熔化的样品冷却后又凝成固体，此时样品的晶型已发生改变或已分解，再加热测得的熔点往往不准确，故每次都必须用未测定过熔点的有机化合物进行测定。

实验二　折光率的测定

1. 折光率随着温度的降低而增大，因此，甲基叔丁基醚在 20℃时其折光率近似值应为：$1.367\,0 + 5 \times 4 \times 10^{-4} = 1.369\,0$。

2. 折光率是液体有机物的物理性质之一，每种纯净有机物在一定温度下都有其固定的折光率，所以可以通过折光率的测定来简单判断纯净物的种类，或者判断已知有机物是否为纯净物。

实验三　旋光度的测定

1. 影响旋光度的因素有：光学活性物质的种类、浓度、配制溶液所用溶剂、旋光仪光源的波长、测定温度、盛液管的长度等。

2. 根据比旋光度计算公式 $[\alpha]_D^t = \dfrac{\alpha}{lc}$，求得 $c = \dfrac{\alpha}{l[\alpha]_D^t} = \dfrac{9.30}{2 \times 66.4} = 0.07\,\mathrm{g \cdot mL^{-1}}$

实验四　气相色谱 - 质谱法

1. 有机化合物分子离子均是奇电子离子，分子离子的质量奇偶性受氮规则支配；分子离子峰一般位于质荷比最高位置一侧，是由各种元素的最丰同位素组成的。辨认在质谱中出现的质量最大端的主峰是分子离子峰还是碎片峰。电子振动可依据以下几点来判断：注意质量数是否符合氮规则；与邻近峰之间的质量差是否合理；注意 M+1 或 M−1 峰，有些化合物的分子离子峰较弱，但 M+1 峰或 M−1 峰则较强。

2. 一般只有一个共价键发生断裂的为简单裂解。它包括三种类型：自由基引发的均裂或半异裂；电荷引发的异裂；没有杂原子或不饱和键时的碳碳键的断裂。

175

实验五　核磁共振波谱法

1. 有化学惰性,不与样品反应或缔合;磁各向同性或接近磁各向同性;信号为单峰,并出现在高场;易溶于有机溶剂;易挥发,以便样品回收。

2. 因为铁磁性或顺磁性物质会造成核磁共振测定时匀场锁场困难,即使采集谱图,也会使谱图变宽,不利于样品信号的采集和谱图解析。

实验六　常压蒸馏与沸点测定

1. 不一定是纯净的物质。因为并不只是纯净液体物质才有恒定的沸点,某些有机化合物能和其他组分形成二元或三元共沸混合物,它们也有恒定的沸点。

2. 在蒸馏过程中添加沸石的目的是通过为液体提供粗糙的表面和微孔里的气体,以在其周围形成气泡来防止暴沸。如果在蒸馏前忘记添加沸石,则可以在液体冷却至沸点以下后再添加。用过的沸石已失效,应丢弃,不能再次使用。

实验七　减　压　蒸　馏

1. 减压蒸馏适用于常压蒸馏时未达沸点即已受热分解、氧化或聚合的物质,以及沸点超过 100℃的液体化合物。

2. 油泵的结构较精密,工作条件要求较严,蒸馏时如有挥发性的有机溶剂、水、酸蒸气,都会损坏泵和改变真空度,所以要有吸收和保护装置。主要有:①冷却阱:使低沸点(易挥发)物质冷凝下来不致进入真空泵。②无水 $CaCl_2$ 干燥塔,吸收水汽。③粒状氢氧化钠塔,吸收酸性气体。④切片石蜡:吸收烃类物质。

实验八　水蒸气蒸馏

1. 不溶(或难溶)于水;在共沸时不会与水发生化学反应;在 100℃左右必须具有一定的蒸气压(至少 667~1 333Pa)。

2. 安全管主要起压力指示计的作用,通过观察管中水柱高度来判断水蒸气的压力,同时有安全阀的作用。当水蒸气蒸馏系统堵塞时,水蒸气压力急剧升高,水就可从安全管的上口冲出,使系统压力下降,保护玻璃仪器免受破裂。T 形管用于除去水蒸气中冷凝下来的水,或当系统发生堵塞时,可使水蒸气发生器与大气相通。

实验九　分　　馏

1. 因为加热太快,分馏柱内温度的梯度变小,馏出速度较快,热量来不及交换,致使水银球周围液滴和蒸气未达到平衡,一部分难挥发组分也被汽化上升而冷凝,来不及分离就一起被蒸出,所以分离两种液体的能力显著下降。

溶剂),才能有足够的解吸附力将其洗脱下来。

2. 要使样品分离效果好,应注意:①填柱子的时候要均匀,不能分层,不能有气泡;②洗脱液流出速度要均匀,不宜过快或过慢。

实验十四　薄　层　色　谱

1. 色谱法的基本原理是利用混合物中各组分在某一物质中的吸附或溶解性能的不同,或其亲和作用性能的差异,使混合物的溶液流经该种物质,进行反复的吸附或分配等作用,从而将各组分分开。化合物的吸附能力与它们的极性成正比,具有较大极性的化合物的吸附能力较强,因此 R_f 值较小。在给定的条件(吸附剂、展开剂、板层厚度等)下,化合物移动的距离和展开剂移动的距离之比是一定的,即 R_f 值是化合物的物理常数,其数值主要与化合物本身的结构有关,因此可以根据 R_f 值鉴别化合物。

2. 层析展开剂浸没样点,可能会使样点溶解在展开剂中,展开后可能会变成很大的点或者条带,影响实验结果的判断。

实验十五　纸　色　谱

1. 在密闭的层析缸中,用配好的溶剂蒸气预饱和以后进行后续的展开工作,以防在层析过程中滤纸从溶剂中吸收水分,溶剂从滤纸表面挥发,从而改变溶剂系统的组成,严重时会导致出现不同高度的溶剂前沿,影响层析效果。

2. 亮氨酸,因为亮氨酸在固定相水中的分配系数小,随流动相的迁移速度快,R_f 值大。

实验十六　卤代烃、醇、酚、醛、酮、羧酸、
取代羧酸、胺和生物碱的鉴定

1. Tollens 试剂、Benedict 试剂和 Fehling 试剂均可鉴别区分醛类和酮类化合物。

2. 化合物甲为丁 -2- 醇,结构式为:

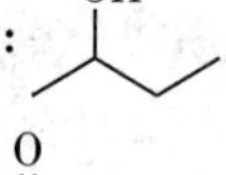

化合物乙为丁 -2- 酮,结构式为:

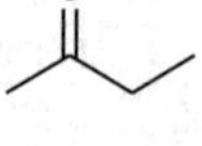

实验十七　糖类化合物的性质鉴定

1. 因为酮糖(例如果糖)分子中含有还原性的半缩醛结构,半缩醛在碱性环境下可脱水形成羰基。而 Fehling 试剂、Benedict 试剂、Tollens 试剂均为碱性弱氧化剂,在碱性介质中,酮糖可通过差向异构化转变为醛糖,从而具有还原性,所以也能与 Fehling 试剂、Benedict 试剂、Tollens 试剂等碱性弱氧化剂呈阳性反应。

2. 蔗糖是由 D- 葡萄糖和 D- 果糖以 α- 糖苷键相连的非还原性双糖。但 Fehling 试

剂、Benedict 试剂、Tollens 试剂均为碱性弱氧化剂，在碱性介质中，经长时间加热会水解生成 D- 葡萄糖和 D- 果糖，它们都是还原性单糖，故当蔗糖与 Fehling 试剂、Benedict 试剂、Tollens 试剂长时间共热时，也会发生阳性反应。

实验十八　氨基酸和蛋白质的性质鉴定

1. 蛋清和牛奶中含丰富的蛋白质，能与铅盐、汞盐生成无毒的沉淀而排泄掉，从而避免人体组织中的蛋白质被破坏。所以蛋清和牛奶可作为铅、汞的解毒剂。

2. 凡是含有游离氨基的 α- 氨基酸以及含有游离氨基的蛋白质均能与茚三酮反应而显蓝紫色。含有两个或两个以上相邻肽键的蛋白质和多肽均能发生缩二脲反应，得到紫色或红色的溶液。凡是含有苯环的氨基酸或含有具有苯环的氨基酸组分的蛋白质均能发生黄色反应，加碱后，转变为橙色。

实验十九　分子模型作业

1. 因为在直链烃中碳碳单键自由旋转产生的最稳定的优势构象是对位交叉式，而分子中其构象体主要以最稳定的形式存在，这样每个碳碳单键都以对位交叉的形式存在，使整个分子的形状为锯齿状。

2. 乙二醇的优势构象是邻位交叉，这是因为两个羟基在邻位交叉时可以形成分子内氢键，因此最稳定。

实验二十　乙酰苯胺的制备

1. 原料乙酸的沸点为 118℃，水的沸点为 100℃。反应温度控制在 105℃，可以保证原料乙酸充分反应而不被蒸出，生成的水被蒸发，促使反应向产物方向移动，有利于提高产率。

2. 乙酰化反应完全后，将生成的产物趁热在不断搅拌的情况下倒入冰水中，可以除去过量的乙酸及未作用的苯胺（它可成为苯胺乙酸盐而溶于水），避免固体黏在瓶壁上。

实验二十一　乙酸乙酯的制备

1. 使用饱和碳酸钠溶液洗涤除去乙酸，饱和氯化钠溶液除去残留的碳酸钠溶液，饱和氯化钙溶液除去残留的乙醇，无水硫酸镁除去水。

2. 乙酸乙酯与水和醇可以分别生成二元共沸物，若三者共存则生成三元共沸物，直接蒸馏会影响产率，因此要先用饱和氯化钙除乙醇，用无水硫酸镁除水干燥。

实验二十二　乙酰水杨酸的制备

1. 反应中有水生成，水分会使乙酸酐分解为乙酸，使反应难以完成。

2. 可能包含未反应或乙酰水杨酸水解生成的水杨酸、多聚物、水杨酰水杨酸等。碳酸氢钠与乙酰水杨酸粗品反应，再酸化，可分离出不含羧基的多聚物；重结晶可除去水杨酸和水杨酰水杨酸。

实验二十三　1-溴丁烷的制备

1. 本实验中浓硫酸的主要作用是制备溴化氢及催化作用。浓硫酸过量或浓度过高可能会增加正丁醇脱水的副反应，收率减少。

2. 本实验中主要的副反应是正丁醇脱水生成丁烯和丁醚，控制好浓硫酸的量及反应温度可减少副反应的发生。

实验二十四　正丁醚的制备

1. 共沸(azeotropy)是指两组分或多组分的液体混合物以特定比例组成时，在恒定压力下沸腾，其蒸气组成比例与溶液相同的现象。

2. 该反应是可逆反应，除去水分有利于反应体系向正方向进行，提高产物的收率。

实验二十五　环己烯的制备

1. 因为该反应为可逆反应，会生成一分子水，如果反应体系含水量过高，平衡会向反方向进行，进而影响反应的收率。

2. 磷酸在该实验中的作用是脱水剂。相比硫酸，磷酸有以下优点：不产生碳渣；不产生难闻气味(用硫酸易生成 SO_2 副产物)。

实验二十六　无水乙醇和绝对乙醇的制备

1. 因实验室空气中含有少量水汽，为防止水汽侵入，在回流和蒸馏时，与大气相通的管口都必须安装干燥管。制备无水乙醇时应注意：①所使用的仪器必须干燥；②回流和蒸馏时，装置中各连接部分不能漏气；③整个系统不能封闭，开口处应连接干燥管以防水分进入；④干燥剂不能装得太紧，尤其是装干燥剂时用的脱脂棉不能太多，也不能堵得太紧；⑤务必使用颗粒状的氧化钙，以防暴沸。

2. 不可以，因为氯化钙可与乙醇反应生成水配合物，且该配合物容易和氯化钙解离。而氧化钙和水反应生成的是氢氧化钙，属于化学反应，不可逆。

实验二十七　2-硝基-1,3-苯二酚的制备

1. 受空间位置影响，直接硝化硝基无法进入空间位阻较大的 2 位，而—SO_3H 可先占据 4、6 位，迫使—NO_2 进入 2 位，且磺化反应是可逆的，待—NO_2 进入 2 位后，再在稀酸中加热水解—SO_3H。

2. ①水蒸气蒸馏常用于蒸馏在常压下沸点较高或在沸点时易分解的物质,也常用于高沸点物质与不挥发的杂质的分离;②被蒸的产物不溶于水或几乎不溶于水,与水长期共沸而不发生反应;③产物在100℃左右必须具有一定的蒸气压,至少666.5~1 333Pa(5~10mmHg),并且待分离物质与其他杂质在100℃左右时具有明显的蒸气压差。

实验二十八　苯佐卡因的制备

1. 硫酸催化下的酯化反应是可逆反应,反应产物中有水生成。若反应体系中有外源性水的存在,会使反应平衡向反应物(原料)方向转化,使反应难以进行完全,进而降低产率。

2. 还原反应中,因锡粉比重大,沉于瓶底,必须将其搅拌起来,才能使反应顺利进行,故充分搅拌是反应进行完全的重要因素。

实验二十九　肉桂酸的制备

1. 羧酸盐为催化剂,提供羧基负离子,若用与酸酐不同的羧酸盐,则反应体系中存在两种不同的负离子,与苯甲醛反应后,则得到两种不同的芳基丙烯酸。

2. 高温下生成的肉桂酸脱羧得到苯乙烯,苯乙烯在此温度下容易聚合产生煤焦油。可将反应混合物与活性炭一起加热煮沸,煤焦油被活性炭吸附,再过滤除去。

实验三十　甲基橙的制备

1. 由于对氨基苯磺酸本身以内盐形式存在,不溶于无机酸,很难重氮化,故采用倒重氮化法,即先将对氨基苯磺酸溶于氢氧化钠溶液,再加需要量的亚硝酸钠,然后加入稀盐酸,所以反过来不行。

2. 反应式如下:

pH>4.4,黄色　　　　　　　　　　　pH<3.1,红色

实验三十一　二苯甲醇的制备

1. 还可以使用锌粉在碱性条件下还原: $PhCOPh \xrightarrow{Zn+NaOH} Ph_2CHOH$

2. 加入冷水的作用是稀释反应液。

实验三十二　香豆素-3-羧酸的制备

1. 公认的 Knoevenagel 反应原理有两种:一种是羰基化合物在伯胺、仲胺或铵盐的

催化下形成亚胺过渡态,然后与活性甲亚基化合物所形成的碳负离子加成;另一种类似于羟醛缩合,反应在极性溶剂中进行,在碱催化剂存在下,活性甲亚基化合物形成碳负离子,然后与醛、酮缩合。

2. 制备香豆素-3-甲酸乙酯的反应中生成了水,为使反应平衡右移、反应进行得更彻底,应保持干燥。

实验三十三　安息香的辅酶合成

1. 维生素 B_1 在 pH 较小时,无法形成碳负离子,催化效率低;而在 pH 较大、碱性较强的条件下,原料苯甲醛会发生歧化反应,形成副产物,使反应产率降低。故控制反应的 pH 范围是本实验的关键。

2. 苯甲醛易被空气中的氧气氧化,为保证产率应采用新蒸馏的苯甲醛。

实验三十四　从茶叶中提取咖啡因

1. 因为茶叶含有叶绿素,从茶叶中提取出的粗咖啡因不纯,含有少量叶绿素,故呈现绿色。

2. 可以将茶叶进行充分研磨,从而增大与溶剂的接触面积,进而提高萃取率。增加索氏提取虹吸次数(虹吸 2~3 次)或适当延长回流提取时间,直到提取液颜色较深,可以使茶叶中的咖啡因提取得较为充分,从而提高收率。

实验三十五　番茄红素及 β-胡萝卜素的分离

1. 先用石油醚进行洗脱,由于 β-胡萝卜素极性相对较小,在柱中移动速度较快,首先收集到的是黄色的含有 β-胡萝卜素的洗脱液。当所有 β-胡萝卜素被完全洗脱,改用极性较大的 4:1 的石油醚-丙酮混合液作为洗脱剂,对番茄红素进行洗脱。

2. 破碎-有机溶剂萃取-浓缩-色谱法分离-检测与结构鉴定。

实验三十六　槐米中提取芸香苷

1. 芸香苷分子中有较多酚羟基,具有弱酸性,易溶于热碱中,酸化后复析出,因此可以用碱提酸沉法提取芸香苷。pH 过高,过量石灰水中的钙能与芸香苷形成螯合物而析出沉淀,同时芸香苷的黄酮母核在强碱条件下易被破坏。

2. 硼砂可以调节溶液 pH,同时其与芸香苷分子中的邻二酚羟基发生络合,既保护了邻二酚羟基不被氧化破坏,又避免了邻二酚羟基与钙离子络合,使芸香苷不受损失,提高收率。

实验三十七　绿色叶中色素的提取和分离

1. 层析柱中若留有空气或装填不均,会导致层析柱整体渗透速度分布不均,致使色

2. 蒸馏和分馏的基本原理是一样的,都是利用有机物质的沸点不同,在蒸馏过程中低沸点的组分先蒸出,高沸点的组分后蒸出,从而达到分离提纯的目的。不同的是,蒸馏只能分离沸点相差30℃以上的液体组分,而分馏则可一次性蒸馏分离出沸点接近的液体混合物。

实验十 萃 取

1.(1)影响萃取效率的因素:温度、所选的萃取剂、时间、萃取剂与被萃取物的溶解度差值、萃取次数、乳化等。

(2)萃取溶剂的选择应随被萃取化合物的性质而定。一般而言,难溶于水的物质用石油醚等萃取,较易溶者用苯或乙醚萃取,易溶于水的物质用乙酸乙酯或类似溶剂来萃取;选择溶剂不仅要考虑溶剂对被萃取物质的溶解度和对杂质的溶解度要大小相反,而且要注意溶剂的沸点不宜过高,否则回收溶剂不容易,可能使产品在回收溶剂时被破坏;溶剂的毒性要小,化学稳定性要高,价格便宜,不易着火;溶剂的相对密度也应适当。

2.(1)在上层的有乙醚、丁醇、苯;在下层的是氯仿。

(2)待两层液体完全分开后,打开上面的玻璃塞,再将活塞缓缓旋开,下层的液体自活塞放出,上层的液体从分液漏斗的上口倒出,切不可也从活塞放出。从分液漏斗的上口倒出放入另一容器中的有乙醚、丁醇、苯;从活塞处放出再放入另一容器中的是氯仿。

实验十一 重 结 晶

1.①选择合适的溶剂;②将待重结晶的物质加热溶解配制成饱和溶液;③活性炭煮沸脱色;④趁热过滤除去不溶性杂质及活性炭;⑤冷却析出晶体;⑥抽滤,洗涤,得到纯净的结体。重结晶的目的是分离杂质含量不高于5%的固体混合物。

2.若固体尚未完全溶解就加入活性炭,则无法判断所加溶剂是否适量,晶体是否完全溶解,或是否存在不溶性杂质。如果沸腾时就加入活性炭,会引起暴沸。

实验十二 升 华

1.利用升华法可以除去不挥发的杂质或分离挥发度不同的固体混合物。优缺点:升华可得到较高纯度的物质,但操作时间较长,产品损失较大,不适合大量产品的提纯。并不是所有的固体物质都能用升华方法来纯化。升华适用于在不太高的温度下有足够大蒸气压[高于2.666kPa(20mmHg)]的固体物质。一般来说,具有对称结构的非极性化合物具有较高的熔点,并且在熔点温度下蒸气压较高的物质易通过升华提纯。

2.在蒸发皿上覆盖刺有小孔的滤纸是为了避免已升华的物质回落入蒸发皿中,纸上的小孔应保证蒸气通过。漏斗颈塞棉花,是为了防止待升华样品蒸气逸出。

实验十三 柱 色 谱

1.吸附剂对极性大的组分有较大吸附力,需要用具有较大洗脱能力(即较大极性的素带不是整齐的环状色素带,进而延长分离各色素的时间,影响分离效果。应在装入氧化铝时边加入边敲打层析柱外壁使氧化铝填实,然后加入石油醚,采用在层析柱顶端加压或在层析柱底部抽真空的方式排出气泡。

2. 选择合适的洗脱剂,使所分离的点能完全分开,并首先使用极性最小的溶剂,使最容易脱附的组分先分离,然后逐渐增加洗脱剂的极性,使极性不同的化合物按极性由小到大的顺序自色谱柱中洗脱下来。

实验三十八　典型有机化合物鉴别的设计

1. 取少量产物加水分散,滴加 2~3 滴三氯化铁水溶液,若颜色变成紫色,说明产物中有未反应完全的水杨酸。

2.

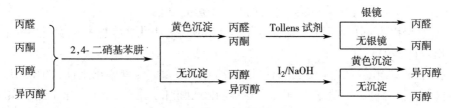

实验三十九　贝诺酯的合成

1. 由于对乙酰氨基酚的酚羟基与苯环共轭,加之苯环上又有吸电子的乙酰胺基,因此酚羟基上电子云密度较低,亲核反应较弱;成盐后酚羟基氧原子的电子云密度增高,有利于亲核反应;此外,酚钠成酯,可避免生成氯化氢而导致酯键水解。

2. 含固体悬浮物废气的处理:机械除尘、洗涤除尘、过滤除尘;含无机物废气的处理:吸收法、化学法、催化氧化法、催化还原法、吸附法、燃烧法;含有机物废气的处理:冷凝法、吸收法、吸附法、燃烧法、生物法。

实验四十　乙酸异戊酯的制备

1. 水与环己烷的共沸物冷凝至分水器中,分层后,水在下层,环己烷在上层。随着分水器中液面的上升,环己烷重新进入反应体系,而水则留在分水器中。分水器可以通过蒸发冷凝的方式除去反应中的水,促进反应向右进行。

2. 产物水洗之后,体系中还留有一些硫酸和乙酸,使用 5% 碳酸氢钠溶液洗涤,可将酸转化为盐,留在水相中,起到除去硫酸和乙酸的作用。

推荐阅读

［1］国家药典委员会.中华人民共和国药典:2020年版.北京:中国医药科技出版社,
　　2020.

［2］兰州大学.有机化学实验.4版.北京:高等教育出版社,2017.

［3］邢其毅,裴伟伟,徐瑞秋,等.基础有机化学.4版.北京:北京大学出版社,2016.

［4］吴美芳,李琳.有机化学实验.北京:科学出版社,2013.

［5］北京大学化学与分子工程学院有机化学研究所.有机化学实验.3版.北京:北京大
　　学出版社,2015.

［6］宁永成.有机化合物结构鉴定与有机波谱学.4版.北京:科学出版社,2018.

［7］翁格利.有机合成实验室手册.万均,温永红,陈玉,等译.北京:化学工业出版社,
　　2010.

［8］高占先,于丽梅.有机化学实验.5版.北京:高等教育出版社,2016.

［9］姚虎卿.化工辞典.5版.北京:化学工业出版社,2013.

［10］CRANWELL P B, HARWOOD L M, MOODY C J. Experimental organic chemistry. 3rd
　　ed. Hoboken: John Wiley & Sons Inc, 2017.

［11］GILBERT J C, MARTIN S F. Experimental organic chemistry. 5th Ed. Boston: Cengage
　　Learning, 2011.

［12］ZUBRICK J W. The organic chem lab survival manual: a student's guide to techniques.
　　11th Ed. Hoboken: John Wiley & Sons Inc, 2019.

40检